アレクサンドル・クラーノフ

# 東京を愛したスパイたち 1907-1985

村野克明訳

藤原書店

Александр Куланов

**Шпионский Токио**

# 日本の読者へ

以前、東京の街を丸の内から万世橋（まんせいばし）をめざして歩いている時のことでしたが、近づいてきた七〇歳くらいの日本人のかたから、こう質問されました。「あなたのご職業は何ですか、どこの国から来て、東京では何をしているのですか」と。モスクワから来ました、日本の首都で生活していたソ連のスパイについて本を書こうとしています、と答えますと、その紳士はこうコメントをして下さいました。

そうですか。だけど、「スパイ」なんて言葉を安易に使ってはだめですよ。とくに、あなたの言うそうした人たちについては、そうです。「探偵」、のほうがもっと正確でしょう。でなかったら、「諜報部員」、といったところでしょうか。「スパイ」なんて、アメリカ流の、あまりにも荒っぽいイメージだ。じつは、私はバクーで仕事をしたことがあるのですよ。今は独立国〔アゼルバイジャン〕の首都となっているけれど、私が向うにいた時分は、たんにソ連邦の南部にある、という都市でした。そう、リヒャルト・ゾルゲが生まれた町です。ゾルゲについては、ずいぶんと本を読みました。尊敬していますよ。反日スパイ罪で死刑になったわけですけれど。だけど、私は、そうじゃない、と考えています。ゾルゲは平和のためにたたかった、と思っているのです。しかも、できるかぎり、たたかった。あの国際的な状況の中で、ですよ。日本、ドイツ、ソ連、アメリカという四つの国が絡み合っていた中での話、ですからね。ゾルゲには、あれ以外には、打開策がなかったのです。だが、断じて「スパイ・ゾルゲ」ではなかった。スパイにしては、あまりにも知的レベルが高かったからです。

この年輩の紳士のコメントを耳にして、天の配剤か、思いもかけず、大切な機会が与えられたものだ、と思いました。隠さずに言えば、ずいぶんとうれしかった。と言いますのは、もともとが、「スパイ」についての本を書こうとはしていなかったからです。当初は、ロシア人の「日本学者」について、一冊、書き上げようと思っていたのです。なかには、子供の頃、日本に住んで勉強していた人も含まれています。ですが、そうした「日本学者」について知れば知るほど、皆が皆、「諜報員」ばかりだ、ということが明らかとなったのでした。人によっては、一年か、二年の短い勤務の場合もあったし、一生をその仕事に捧げた人もありました。ですが、そのほぼ全員が、ゾルゲのように、そもそもは「スパイ」になろうなんて考えてもいなかったのです。彼らの関心は、科学、翻訳・通訳、日本文化研究などにあったのです。とはいっても、時代が時代だった。これはあとになってわかったことですが、ロシア（ソ連邦）と日本との関係についての専門家、なかでもその主要な人たちは、じつは「露探」であった、ということが珍しくはなかったのです。ですが、こうした人たちは、日本に対して、何ら、憎しみの念を抱いてはいませんでした。本書の著者もまた、日本の読者がこの事実に留意して下さることを、切望する次第です。

あるソビエト諜報員は、日本の警察に捕まったあと、後年、多くの本を書いていますが、そのなかに『日本でのＫＧＢ――東京を愛したスパイ』というタイトルがあります。まさしく、ロシアとソビエトの諜報員の全員が、東京を、日本を愛した、ということは、本書の著者もまた確信するところです。もちろん、彼らがすべての日本人を愛していたわけではありません。日本の政治を好んでいたわけでもなかった。まったく、そんなふうではありませんでした。反対に、あるケースでは、ロシア人が日本側によって「探偵」に仕立て上げられる、という羽目に陥ったこともありました。その結果、深刻な心理的な悲劇が、ドラマが、演じられもしました。とはいえ、著者は、本書を、そうした荒々しい、悲劇に満ちた書物に仕立てようとは、はなから望まなかった。本書は、何よりも、「案内書」なのであります。

この「案内書」をお読み下されば、日本の読者には、以下のことが、おわかりになるでしょう――すなわち、東京の街のどこをロシアとソ連の諜報員が歩んでいたか、どんなレストランやホテルに立ち寄ってエージェント（情報提供協力者）と飲み食いしていたのか、そして、何人かの「探偵」諸氏については、その個人的で、ごく隠された生活の一面がどんなものであったか、ということです。また、読者の皆さんに、次のような事柄にも思いを馳せていただけるでしょうか――そうした彼らの東京での生活もまた決して楽なものではなかったこと、なにゆえに彼らがともかくも「スパイ」となってしまったのか、といったことであります。

本書の執筆に際しては、たいへんな幸運に恵まれました。著者は決して諜報機関に勤務したことはないのですが、ある時期に東京で生活し、東京大学で研究をする機会がありました。そしてその後も、さまざまな角度からこの都会を観察したのです。こうした貴重な経験が本書の土台となっています。この都市に対しては、自分が生まれて育った町のような愛着を覚えています。ですから、今でも、東京に行くチャンスを手にすると、周囲には「クニに（「ダモイ」）戻るよ」と思わず言ってしまうのが癖になりました。

末筆ながら、日本の読者への橋渡しをして下さった旧知の翻訳者の村野克明氏と、わが愛する東京という街とに感謝の念を捧げる次第です。本書で取り上げた著者の同国人たちは、この大都会に対して、完全にあけっ広げな心をもって慣れ親しむ、という機会を奪われた人ばかりでした。

二〇一六年師走

アレクサンドル・クラーノフ

# 東京を愛したスパイたち　目次

日本の読者へ　i

序文　11

東京でのオシェプコフ夫妻の住所はどこか

## 第1章　ワシーリー・オシェプコフ――格闘技「サンボ」の創始者……21

1　伝記の始まり　26

サハリン―正教神学校はスパイ学校にあらず―同窓生四人の運命―講道館―サハリン再び―ハルビンから神戸へ

2　赤　坂　43

日本での諜報活動の困難性―ワーシャの諜報活動に対する評価―「戦術的」にあらず「戦略的」な情報こそ必要―麻布歩兵第三聯隊―麻布歩兵第一聯隊―新龍土町―麻布、赤坂、市ヶ谷、九段―乃木邸―ワーシャとゾルゲ

3　墓場の端っこでのロマン　64

南青山（青山南町）―東京の変貌―青山墓地の辺境で―二人の日本人男爵―麻布の西竹一邸と写真館―柔道の効用―ワーシャの諜報戦術

4　講道館　78

永昌寺―大塚坂下町（開運坂道場）―忠犬ハチ公―春日町（旧富坂町）

5　万世橋駅前の記念碑　86

広瀬武夫と柔道―旧万世橋駅前「記憶の広場」とその周辺

6　東京復活大聖堂（「ニコライ堂」）　90
一八九一年までの沿革 ― 東京正教男子神学校 ― 関東大震災 ― 現在のニコライ堂周辺
7　ロシア帝国大使館　102
一八五八〜一九〇七年 ― 一九二三年と一九二五年
8　アジト、非合法の会合　107
ワーシャの弁明 ― プレシャコフとヤホントフ
9　伝記の結末　112
シベリアからモスクワへ ― サンボ誕生 ― ブティルカ監獄 ― ワーシャの記念に

## 第2章　リヒャルト・ゾルゲ――諜報団の首魁 …… 119

1　伝　記　123
バクー、ベルリン、モスクワ、上海 ― 東京 ― 戦後の日本で ― 戦後のロシアで ― 現在の東京で
2　東京のホテルのバーで　132
山王ホテルと日枝神社 ― 目黒ホテル ― 帝国ホテルとゾルゲ ― 帝国ホテルとアイノ・クーシネン ― 帝国ホテルと宮城与徳、ベルンハルト ― 帝国ホテルと酔っ払いゾルゲ（四一年六月二二日）― 帝国ホテルと宇宙飛行士ガガーリン

3　自宅のゾルゲ　148
麻布区永坂町三〇番地――ゾルゲの家――ゾルゲの家の訪問客と使用人と大家――「文化住宅」の夏と冬――ゾルゲの蔵書――ゾルゲの家（要約）

4　バイク乗り、衝突事故を起こす　168
三八年五月一三日の夜明け前に――「五月一三日午前二時の銀座での尾崎・ゾルゲ密会」説――「マニラ・香港行き後のウーラッハ・ゾルゲ祝宴」説――病院でのゾルゲ――「英語で書かれた報告書」のこと

5　みんなから見える場所で　181
ゾルゲとドイツ大使館――二・二六事件とドイツ大使館――亡命ロシア公爵夫人とゾルゲ（三八年四月以降のこと）――ゾルゲ流の処世術――日比谷公園にて

6　「ケテル」の黄金　195
銀座の存在価値――「ラインゴールド」（のちの「ケテル」）――石井花子とゾルゲ――石井花子の抵抗

7　「フレダーマウス（こうもり）」の胎内から「富士」の高みへ、そして「アジア」へ　214
「フレダーマウス」の穴倉で――「富士」のキヨミ――新橋のラーメン屋――満鉄ビルのレストラン「アジア」

8　六本木の外国人とその友たち　228
尾崎秀実の家――ヴーケリチの家（一）――駿河台の文化住宅で――ヴーケリチの家（二）

――市ヶ谷の陸軍士官学校の近くで ― 宮城与徳の家 ― クラウゼンの家(一)――麻布区新龍土町で ― クラウゼンの家(二)――麻布区広尾町で ― まとめ――「奇妙な場所」を選択したわけは何か

9 死、愛、不朽――巣鴨監獄から多磨墓地まで 250

一斉逮捕 ― 巣鴨監獄(一)――アンナと安田の回想から ― 巣鴨監獄(二)――読書するゾルゲと尾崎 ― 巣鴨監獄(三)――獄中でのゾルゲの態度 ― 巣鴨監獄(四)――裁判と絞首刑 ― 戦後の石井花子

第3章 キン・キリュー(ロマン・キム)――ソ連流国際探偵小説の元祖……271

1 伝 記 274

父と母、朝鮮からウラジオストクへ ― 少年キムの東京留学 ― 青年キム、ウラジオストクで諜報員となる(シュチルリツの「代父」)― 青年キム、ウラジオストクで日本学者となる ― 大竹博吉との出会い ― 青年キム、モスクワで日本学者として活躍 ― キム、対日防諜部門の責任者となる ― キム、獄内でも任務を続行 ― 戦後のキム――探偵小説家となる ― 謎の多いキムは真の忍者か

2 大学のある首都(東京)で 300

敦賀港から新橋駅へ ― 慶應義塾幼稚舎に入学 ―「幼稚舎の寄宿舎」での居住説 ― 杉浦重剛家、東京英語学校、平河天満宮 ― 少年キムの置かれた立場 ― 慶應義塾普通部へ進学 ― 東京帝国大学 ― 普通部時代のエピソード ― 普通部退学――若宮町を去る

3　爆破された都市　319
キム作品への理解の鍵――焼け跡の東京で――『切腹した参謀達は生きている』の舞台――若宮町のタコ将軍邸（＝杉浦邸）――失敗した蜂起――愛宕山から若宮町へ――変貌する東京――さらに二年後に――GHQとマッカーサー――GHQ主導の元日本将校ネットワーク――『ノート』の主人公と辻政信

第4章　忘れられたスパイたちの足跡を求めて――戦後の東京で……337

1　雪降る中を逃亡したラストヴォロフ　343
2　大仏を「寝かせた」コーシキン　351
3　「スパイ気取り」のプレオブラジェンスキー　366
4　「ディンドン」にやって来たレフチェンコ　379

訳者あとがき　393
本書関連略年表（1860–2005）　399
主要引用・参考文献一覧　411
主要人名索引　416　／　主要地名索引　421

# 東京を愛したスパイたち　1907～1985

# 凡　例

一　本書はロシア語からの翻訳である。底本については、巻末の「訳者あとがき」をご覧いただきたい。

一　本書では読みやすくするための工夫をした。まず、原著にはない小見出しと、（　）による追加説明とを、数多く加えた。人名は主に「姓」のみを用い、敬称は略した。地名は「その当時の名称」で通した（例えば「青山霊園」ではなく「青山墓地」）。

一　引用文への訳者による補足は〔　〕で示した。

一　写真は原著に掲載のものを使用した。地図は本書の編集部で用意した。

一　ロシアでは、一九一八年一月末までユリウス暦（旧暦）を用いていた。本書の底本での日付の表記が現行のグレゴリオ暦によるのか否か、訳者は一々、著者に対して詮索しなかった。著者の記述通りに翻訳した次第である。

一　ソビエト社会主義共和国連邦の略称としては、「ソビエト」「ソ連」を共に用いた。

日本でのロシア人観光ガイドの先駆けにして諜報員かつ柔道家
ワシーリー・オシェプコフの霊に、この風変わりな本書を捧げる。

「東京。これまで私はその表舞台のみを見ていた。が、突如、一変した。歌舞伎座の回り舞台のように、わが眼前に別の東京が出現したのである」

（ロマン・キム『スンチョン（順川）で見つかったノート』より）

# 序文

もうずいぶんと昔、まだソビエト時代のこと。小学生の僕はモスクワ見物によく行かされた。母が働いていた病院の労働組合の委員会がそうした見学ツアーを組織していた。母のおかげというわけで、学校の授業のない日は、僕は美術館とかバスの中にいて、優秀なガイドと、インテリの見物人、すなわちソビエト時代の医者や看護婦といつも一緒だった。この楽しい暇つぶしにはすっかり慣れっこになったものだ。そのほとんどがまったく素晴らしかった。ただし、モスクワとその近郊の住民からは紋切型だと言われそうなものだったけれども……。というのも、行先が一四世紀開基のトロイツェ＝セルギエフ大修道院、アルマズヌィ・フォンド（クレムリン・ジュエリー展）、ナポレオン軍とのボロディノ会戦を記念する自然公園のボロディンスコエ・ポーレ、ペトリシチェヴォ（今の若者の誰がこの地名を口の端に上らせることできるか。この村で一九四一年に女性パルチザンのコスモデミヤンスカヤがヒトラー軍によって拷問の末に絞首刑に処せられた）、国立歴史博物館、そしていろんなロシア作家の記念館、というメニューだったから。

なかでも二つ、きわだった思い出がある。一つは、プーシキンスキエ・ゴールィ。当時ここでガイドとして（のちに著名な作家となる）ドヴラートフが働いていたのだが、もちろん僕は気づきもしなかった。幼かったためだが、時代のほうだって彼を理解するまでには至っていなかった。だが、あそこにはそれでなくとも不思議なほどの美しさがあったし、空気中には詩情が溶け込んでいた。そしてもう一つの思い出、それが「モスクワのソ連ＫＧＢゆかりの場所めぐり」だった。

その種のツアーでは僕たちはほとんどバスから外へは出なかった。ただ窓ガラス越しに案内人の指し示す場所を眺めていた。たとえば、ジェルジンスキー街の（ＫＧＢご用達の）第四〇食料品店。諜報機関の元将校で優れた作家でもあるミハイル・リュビーモフが賞賛した場所だ。次に、「二番館」として知られるＫＧＢの巨大な建物（これが今日、恐ろしい内容のＴＶ番組になるとは、当時の現実からみるとまさに想像を絶する話だ）。さらに、秘密の会合を開いて作戦を練ったりする場所。そうしたアジトではエージェントに郵便物と小包が渡されたりした。ほかには、ソビエト保安機関が外国の諜報員を拘留した場所。以上すべてをバスの窓から目にする際には案内人のわくわくするようなアナウンスが伴っていた。この案内人は、いつも同じジェルジンスキー街のＫＧＢ館の労働組合の委員会が僕たちにあてがった人で、バスの車内でこう説明したものである。

「あの壁のへこんだ所をご覧ください。あそこは、〔秘密の通信文を入れるための〕つぶれた缶カラの形をした容器を置いておくのには便利な場所です。こちらの橋の上でソ連外務省職員でＣＩＡエージェントだったトリアノフ＝オゴロドニクが連行されました。そしてその際にＣＩＡの協力者マルタ・ペテルソンは、自分を捕まえにきたグループに彼女お得意の空手の蹴り技をご披露しようとしました」。

僕はまだ子供だったので、こうした見学ツアーで今日まで覚えていることは微々たるものに過ぎない。だが、上記ミハイル・リュビーモフと比べればずうっとその自覚の度合いは下回るにせよ、僕にも明らかだったのは「モスクワでは壁や舗道の一個一個の石に保安機関の息がかかっている」ということだった。

もちろん一九八〇年代の中頃のことだから、ソビエトの首都モスクワのチェキスト（チェーカー＝反革命・怠業取締委員会の要員）ゆかりの場所の見学とはいっても、そうした場所の神髄を把握するにはまったく不完全かつ不十分なものだった。というのは、今日の見学ツアーの現場ではちゃんと説明されている事柄でも、当時はガイドから一言も耳にしたことがない、というケースがあったから。たとえば、ヴァルソノフィエフスキー街にあったマイラノフスキー博士の秘密の「実験室X」（政治犯に対して毒物実験がなされた）。そしてブティルカ、タガンカ、レフォルトヴォ、スハノフカといった一連の監獄。あるいは政治犯を大量に銃殺した場所のことだ。すなわち、「医療衛生労働に捧げられた」第二三病院の中庭（一九二〇年代にモスクワで政治犯に対してなされた秘密の銃殺のうち最初の「現場」の一つ）とか、モスクワの幾つかの墓地とか、ブトフスキーやコムナルカという射撃場である。

こうしたことはすべて自分で学ばねばならなかった。――といっても、それが可能になったあとの話であるけれど。

ブトフスキー射撃場といえば、父と一緒に、晴れた冬の休日、その近くのスハノフスキエ・ゴルキでスキーに夢中になった思い出がある。だが、同じ射撃場の土の中に、わが先祖も、僕の現在の調査・研究の対象であるヒーローたちも等しく眠っていたとは、あとになってわかったことだ。若い頃の僕はこうした現実を知らなかったので、「機関」での仕事をすべてたいへんロマンティックに考えていた。諜報および防諜活動、尾行、合言葉、アジト、といったことだ。だから、当時の僕が「チェキストの日常的な英雄主義」に飛び込んで行きたくてうずうずしていたこと、そしてカーボン紙をはさんで「なぜ私はソ連KGBの機関で働きたいか」という題の作文を書いたのちに、その「機関」自体にあやうく入りそうになったこと、といった状態にあったことも、驚くべきことでない。

だが、一九九一年がやってきた。それは、同年八月の失敗に終ったクーデタと真のグラースノスチ（情報公開政策）を伴っていた。後者は、先行するペレストロイカ期にはまだ布告するまでには至らなかったものだ。こうなると僕の青春のあこがれの夢は急速にしぼんでしまい、（告白するが、それもかなり軽いノリで）新たな夢想に取って代わられた――はるかかなたの異国情緒に富んだ国である日本への想いに、である。そしてこの夢想そのものにはもはやなんら「機密」とか「スパイ」に対する趣向は含まれていなかった。しかしながら、あとになってわかったことだが、そうした趣向という点でも、日本という国はあまりにも魅力に富んだ国だったのである。

一方、過去のこうした「機関」熱の隔世遺伝として僕のなかで今日まで保たれてきているものがある。机の上を軍人風に整理整頓する癖である（よい大学が教えてくれるのは知識ではなく研究に必要な規律と能力だ、というミハイル・ブルガーコフの意見には全面的に賛成したい）。これには「軍務とは何か」という点での若干のイメージも伴っているのだが……。しかしその昔、宿題を課されてモスクワ中心部で諜報活動のアジトを探さなければならず、が、結局見つけることができなかった、という思い出が僕にはあって、このことがわが潜在意識に対してフロイト的な冗談事をしかけているのかもしれない。潜在意識が以前の過ち（諜報員志望を見限ったこと）を矯正しようとしているのだろうか――というのは、僕は地図を片手に徘徊するのが好きになってしまったからだ。おかげで今では運命が導いてくれたどんな新しい滞在先にあっても、その周辺をじかに観察してみないことには肉体的に調子が狂うほどなのである。

日本ではこの癖が進化して、さらに新鮮な大気の下で少しでも長い時を過ごしたい、より頻繁にそうしていたい、という執拗な欲求に捉われることになった。のみならず、このことは賃金を得る機会をも与えてくれた。二〇〇二年に東京大学大学院に外国人研究生として入学してすぐに、初めてロシア人観光客のガイドとしての自分を試すことになったからだ。この仕事にそれからの数年を捧げることになった。当時すでに、僕はロシア柔道とサンボの創始者で御茶ノ水のニコライ堂の東京正教神学校の卒業生であったオシェプコフに関心を抱いていた。それから相当の年数を経てわかったことだが、オシェプコフもまた日本の首都でロシア人観光客を引率するユニークなガイドだったのである。が、そうと知っても、僕はさほど驚かなかった。なんとなれば、こうしたことのすべてはいつか不可分の一体へと結び合わされるはずだったから。それも東京が舞台の話ならば尚更のことだろう。奇妙でわかりにくく、外国人に対してその魅力と秘密を決してすぐには明かさない、だが、美しくも神秘的で、驚くべき都市、それが東京なのだから。

この名称は文字通りにロシア語訳すると「東の首都」となる。「西の首都」の伝統的、文化的、公家的な京都とは異なる。東京は比較的新興の都市で、わずか五〇〇年ほどの歴史を有するに過ぎないが、無条件に日本の心臓、脳、中枢神経だと言える。まさにこの都市にこそロシア人と日本人との、わがロシアと「太陽の根源の国」との相互関係の主要部分が結びついているのだ。「太陽の根源の国」（日の本の国）とはニホンという日本語の意味するところである。

この驚くべき都市に初めて足を踏み入れた時、その魅力のことごとくをすぐさま感得することが、僕にはまったく出来なかった。だがその代わり、即座に、若い頃からのなじみのテーマにぶつかることになった。ソビエト諜報機関ゆかりの場所の神髄を見極めたい、ということである。以上の経緯が生じたからといって、何ら驚くには当たらない。なにせ、こちらが対象を認知するよりも先に、対象の方から迫ってきたのだから。これこそ秘密機関の神髄ではないか。

だが、僕が東京のどこでどのように、単独で、あるいは友人たちと共に、ソビエト特務機関のヒーローとアンチヒーローの足跡を探求し見出そうとしたのか、詳細については本書の各章をご覧いただきたい。さしあたっては、わが「スパイの東京物語」の理解のための予備知識を幾つか、次に披瀝しておこう。

そもそも、諜報活動とは、のんびりとした調子と極端に気の進まぬ態度で自らの秘密を打ち明けるものである。どこの国でもそうで、僕たちの場合の日本とロシアでも例外ではない。もっとも、秘密の保存方法とその段階的開示の技術という点では両者の間には相違が存する。

わがロシアではどんな情報にせよ、万一の場合に備えて「あたかもそんな情報などもともと存在しなかったかのように」過度の保護を受ける、というのが習わしだ。それに、法律ときたら一つの法律がもう一つのそれとダブっていて、同時に相反することを規定している、という始末だ。こんな国では「秘密」は不可解なほど長期にわたり保存され、厳格に保護される。この状態は、たとえ時代が経過して、自らの歴史を理解するためにその開示がさし迫って必要となった場合にも、変わらない。逆に、情報の非開示が青少年の教育に害ばかりを与える場合でも、事態は動かない。わがロシアでは諜報活動にとって最も取るに足らぬ文書であっても、「それを見た研究者が諜報員本人の私生活を再現する機会を得るのではないか」という理由で秘密扱いの保管庫へとお蔵入りになる、ということは常にあり得よう。ところが実際には、単に「ひょっとしたら何か不始末が生じるかもしれない」との危惧により閲覧不可となっているに過ぎない。

一方、日本では法律が厳格に順守されている。法律上、しかじかの日付に秘密解除すべし、と明文化されてあれば文字通りそうなるだろう。とはいえ、日本国では一見すると明々白々、疑いなく見える物事でさえも往々にして口の端に上らさない習わしがある。なかでも過去の不可解な謎を問題とする場合がそうで、ときとしては深刻な問題が発生したりする。だから、「スパイたちの東京トポグラフィ（地誌）」という本書のアイディアが生まれるとすぐに、次の問いも生じたのだ。いったい何にもとづき、誰のことを書くべきか、と。

当時、僕の集めた資料の中には、オシェプコフとゾルゲに関する、まだ決して公表されたことのない文書も含まれていた。それはわが国の諜報機関のこの英雄二人がどのように東京都内を移動したのか、マネージャー用語を用いるならば、その「ロジスティックス（流通、物流）」に関する資料であった。いや、それどころかオシェプコフの場合には、その生涯のなかでも東京時代のトポグラフィ（文字通りの足跡）を調査・研究してみると、次の結論に行きつかざるを得なかった。すなわち、日本の首都でのソビエト非合法諜報機関のこの代表者の活動については新解釈と再評価とが必要ではないか、ということである。

オシェプコフの戦前の後継者たちのことでは、多少なりともすでに公表済みの資料の中から何かが出てくるだろう、という予想があった。その資料というのは、内務人民委員部と労農赤軍参謀本部「第四部」との各々に属する合法的な、つまり外交官特権に護られている在日駐在諜報機関に関するものだった。これは政治的な諜報活動と軍事的なそれと、二つに分かれていたということを意味する。

だが、その先、すなわち戦後日本ではどうか。——歴史はさらに僕たちを避けがたい力で或る人物たちへと導いて行く。彼らの名前をゾルゲらと並べて同じ本のカバーの下で公表するのは（異論はあろうが）公平を期した良心的行為だとは言えるだろう。まっ先に挙げるべきは、裏切り者レフチェンコと、さえないスパイで悲喜劇的な人物のプレオブラジェンスキーだ。この二人のことを書くこと、二人が書いた文章を引用すること——ということ自体が何だか奇妙で滑稽な気がする。

他方では、まさに日本を含む極東地方での「見えざる前線」の「新しき英雄」たちに関しては、今後の数十年間はその「情報の欠如」が保証されている、というのが現状だ。アーカイブ資料が当分、非公開なのである。そんな条件下で、「九一年に消滅したソ連邦」の諜報機関が東京でどのように活動していたか、その地理的痕跡をともかくも明らかにするには、どうすべきか。その点では、過去のソビエト時代に東京でうごめいていた同種類の人物たち自身の告白などに頼るしかあるまい。それが現時点では唯一、明るみに出た証拠ともなろう。だが、今までのそうした発言には不正確な点が多く、有害な誤りさえも見受けられる。今や、そうした不正確さや誤りを修正すべき時がやってきたのだ。

とどのつまり、大体において本書の歴史的な枠組みはまさにソビエト時代に限定される。正確に言うと、その時期は一九二五年から八五年までの六〇年間となる。二五（大正一四）年とは、東京にソビエト軍事諜報機関（将来のソ連軍参謀本部情報総局〔GRU〕）の最初の駐在代表オシェプコフが到着した年である。八五（昭和六〇）年とは、逆にその東京からソ連KGB第一総局駐在勤務員プレオブラジェンスキーが追放された年のことだ。繰り返して言うが、両者は互いに絶対に相容れない対蹠的な存在である。が、にもかかわらず、二人の道程は同じテーマ、同じ都市、同じ時代によって結合されていた。ゾルゲとレフチェンコの物語もまったくこれと同様であって、東京中心部の同じホテルが舞台となったことは今では神秘的にさえ思われる。さらに関連して以下のことをお断りしておきたい。すでに永久にお蔵入りしたソビエトという国家の諜報機関と現行のロシア諜報機関との二つの行動様式、二つのジオグラフィ（いわばスパイ行動地理学）について、双方を比較してみて同一視することが可能かどうか、という問題が存在する。が、著者としてはその判断は全面的に読者に委ねたい。

概して著者自らが完全に自覚していることだが、本書は誤りから免れているわけではない。だから、かりに、新たに見出された事実を理由として、修正の指摘が本書の記述に対してなされる場合には、著者は心から感謝したい。もちろん、本書の読者の皆が皆、東京に行ったことがあるわけではないだろう。が、いつかはすべての読者が東京を訪問されることを心から希望したい。

さて末筆ながら、リヒャルト・ゾルゲ記念第一四一学校卒業生のイーゴリ・ウリヤンチェンコに感謝したい。イーゴリは本書の生みの親とも言うべき存在で、二〇一三年五月のことだが、「スパイの東京」に関する僕のお喋りを一冊の本にまとめ上げるようにと入れ知恵をしてくれた。また、旅行会社「ＫＩＲツアー」にも謝意を表したい。この会社は僕が日本の首都で調査し資料収集を行なうための条件を確保して下さった。最後に、応援して下すったすべての方々に大文字のスパシーボ（ありがとう）を捧げたい。本書が上梓できたのは皆さんのおかげです。

# 第 *1* 章

## ワシーリー・オシェプコフ
### ——格闘技「サンボ」の創始者——

オシェプコフ。東京での軍事諜報員代表として（1925年）

「階下に降りてみると、ウラジオストクから来た二人のロシア人女生徒と出くわした。通訳をお願いしますというので、ワシーリー〔名〕・オシェプコフ〔姓〕をあてがった。通訳として、東京の案内人として。」

（一九〇九年七月三日（新暦で一六日）の聖ニコライ・ヤポンスキー〔日本の聖ニコライ〕日記より）

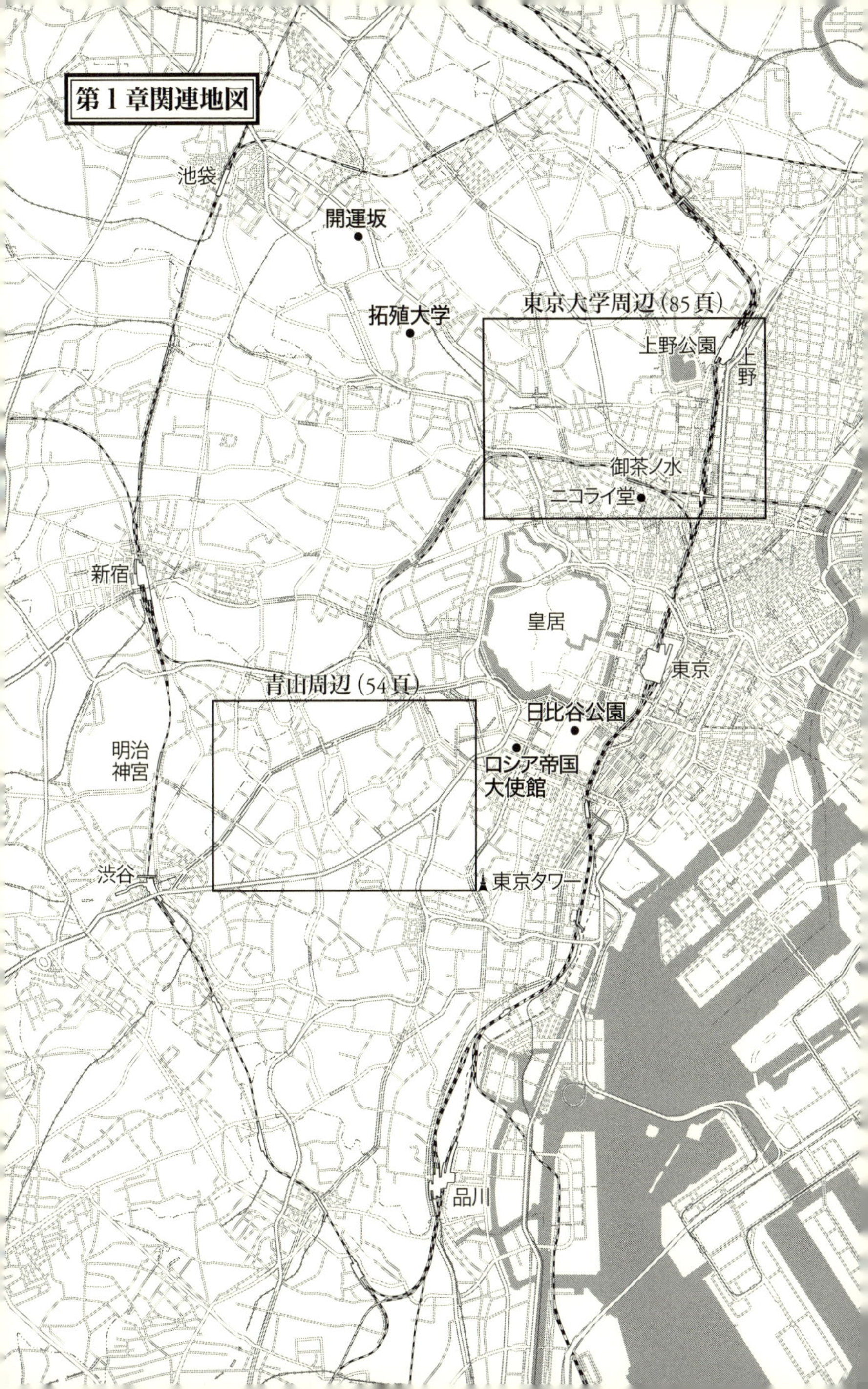

第１章関連地図
池袋
開運坂
拓殖大学
東京大学周辺（85頁）
上野公園
上野
御茶ノ水
ニコライ堂
新宿
皇居
東京
青山周辺（54頁）
日比谷公園
明治神宮
ロシア帝国大使館
渋谷
東京タワー
品川

## ■東京でのオシェプコフ夫妻の住所はどこか

ワシーリー・オシェプコフ（以下、地の文では主に愛称の「ワーシャ」とのみ表記）が東京のどこに住んでいたのか、その場所探しに僕は数カ月を費やした（以下、地の文章では基本的に二〇世紀の西暦年は下二桁のみを表記。すなわち「一九」を省略）。

二五年から翌年にかけて、ワーシャは妻と二人で東京のどこかに住居を借りて住んでいた。その住所については、すでに格闘技の歴史家ルカショフの著作にかなり正確な言及がみられる。『サンボの創造者――ツァーリ獄で生まれスターリン獄で死んだ人』（二〇〇三年刊）のことだ。「かなり正確な言及がみられる」わけは、著者ルカショフが、ソ連解体以降の九〇年代の雪解け期に、GRU（ソ連軍参謀本部情報総局）の公文書保管局の文書を閲覧することができたからである。

僕の方としては、駿河台の東京正教神学校のロシア人卒業生数名をテーマとした報告を、モスクワのソルジェニーツィン記念在外ロシア人会館で行なう機会があった。その際に、ワーシャ夫妻の東京での住居についても言及した。が、そのあとで、わが脳裡に巣食っていた「ワーシャをめぐるトポグラフィ（東京での関連地誌）」の概念に対しては、変更を加えざるを得ないこととなった。

というのは、沢田和彦とポダルコの両教授のおかげで、東京のロシア大使館近くの外務省外交史料館で、日本の秘密警察、すなわち「特高」の報告書のうち、ロシア人亡命者を観察した内容の書類を幾つか発見することができたからである。ワーシャに関する文書も一件あった。こうした文書では、当然のことに、被疑者の住所も記されている。だが、東京の住所表示制度は二〇年代半ばから何回か変更を重ねてきた。古いアドレスは、現代の東京地図とさらに照合しなければならない。で、神田神保町という古書店街の小さな古本屋で二六年の東京地図を見つけた僕は、それを手にしてさっそく探索に乗り出した。

めざす場所を見つけるのはさほど困難ではなかった。なぜなら、その場所が、青山通りと表参道の交差点の近くにあったから。が、あとになって、番地を間違えていたことがわかった。外交史料館の文書をロシア語に訳してくれた今村悦子の指摘によって、僕が正しい（旧称・青山南町三丁目の）「六〇」番地の方ではなく、誤って「六」番地を探していたのが判明したからである。

そうとわかったのは、じつは最初の誤った探索行からさらに二カ月が経った頃の、次の東京滞在中でのことだった。そして、とうとう必要な地点を見出した時には、なんだか奇妙な感触を覚えたものだ。たどりあてた番地はビルに囲まれたごく小さな区画だった。日本独自の「中庭」であるその一郭から道路へと出てみた時に、「あれっ、これはどうしたことか」と思わず首をひねらざるを得なかったのだ。というのは、九八年八月に初めて東京を訪れた際に商用で赴いた会社のオフィスが、その「中庭」に「隣接」するビルの中にあったからである。今「隣接」と書いたが、実際には、数百メートルの間隔があった。が、ともかくも近所同士には違いない。まさに長い間、断続的な作業だったにせよ、あんなにも見出そうとしていたワーシャ夫妻の住居が自分にこんなに縁のある場所にあったとは、という感慨に捉われたのだ。

と同時に、この九八年という年は、ワーシャという人物の運命に関する文書を集め出した年でもあった。この資料収集の歩みはその年から現在に至っている。

以上のような偶然事をも含め、いかなる「運命の兆候」に対しても僕は懐疑派だ。だが、もしかしたら、真相は、我々が「運命の兆候」をそう簡単には読み解くことができない、という点に存するのかもしれない。なぜなら、最初の東京訪問時に、仕事で僕は何度となく上記の交差点近くを通ることがあったからだ。しかも、その際には、わが脳裡をこの人物の運命に関するあれこれの想念で一杯にしながら歩いていた、ということがあった。さて、それほどまでにもわが思念を離れない人物について、さらに筆を進めるとしよう。

## 1　伝記の始まり

### ■サハリン

ワーシャは「サハリン徒刑地の首都」で誕生した。アレクサンドロフスキー・ポスト（哨所）（のちのアレクサンドロフスク市）という集落だ。母のマリヤ・オシェプコワは徒刑囚だった。父は「自由人」で指物師のセルゲイ・プリサク。ワーシャの誕生日は一八九二（明治二五）年一月二五日（新暦で一月七日）である。徒刑囚とサハリン住民との結婚は公認されていなかったので、彼は私生児として扱われた。が、幼年時代には孤児となっていた。〇二年に父が、〇四年には母が他界したからだ。間接的なデータによると、少年には遺産として私有地が残された。「一〇番地」の家で、アレクサンドロフスカヤ通りかボリシャヤ通りかのどちらかにあった（ロシア側と日本側の文書では通りの名称がこのように異なる）。おそらく少年の後見人の二人はこの家を貸し家にしたことだろう。その直接の裏づけとなる資料はまだ見つかってはいないが……。

後見人の名前はヴラディコとコストロフといった。彼らのおかげか、ワーシャは当時サハリン唯一の実科学校に入学する（学校名はこれも不正確で、アレクサンドロフキー校ともノヴォミハイロフスキー校とも称される）。現在の観点からみれば、この種の学校の卒業証書が高い権威を意味するとは思われない。だが、百年前では、サハリンのみならず全ロシアにとっても、「実科学校卒」は比較的高い学歴の証しとなった。いずれにせよ、将来の赤軍諜報部のワーシャの上司たちは、その圧倒的多数が、こうした学歴にも達していなかったのだ。われらの主人公がいつ実科学校を卒業したのかその年度は不明だが、資料から判断すると、〇七年のようだ。少年自身、学校での学習には非凡な能力を発揮したので、後見人もこの孤児の運命に無関心ではいられなくなった。それゆえ、同年八月、一四歳のワーシャは日本へと出発する。東京正教神学校で勉強するために、である。この学校はすでに一八七五年に、ロシア正教宣教団の付属施設として開設されていた。

ワーシャの伝記の献身的な研究者のマトヴェーエフは、以前、ワーシャの義娘から話を聞くことができた。娘の名はジーナ・カゼム＝ベク。その話とは、義父がどのように日本の首都にたどり着いたか、ということである。少年ワーシャのふところに旅費はあったとはいえ、ごくつつましいものだった。自分がどこへ行こうとしているのかさえ明確に自覚していたわけではない。日本語の知識もなかった。だが、少年には肝心なものが備わっていた。「強固な意志」である。それあるがゆえに、ワーシャはサハリンの孤児から諜報活動の英雄ともなり、栄えあるスポーツマンにもなることができたのだ。日本語の達人だったし、柔道（のちサンボ）のすぐれたトレーナー兼教師でもあった。そうした人生の原動力となったのが「ワーシャならではの強固な意志」だったのだ。

義娘カゼム＝ベクによれば、ワーシャは汽船「義勇艦隊」号の船員たちとまず話をつけたという。この船は、ロシアから隣国と遠い外国とへ延びる定期航路を運営する船会社に所属していたが、少年はその船艙にもぐり込んで日本海を横断し、敦賀に上陸する。この港は当時、日本と大陸及びサハリンとを結ぶ海上交通の要衝の一つだった。今日では、敦賀から正教神学校の建つ東京の駿河台に至るまでは、二つの特急電車を乗り継いでほぼ三時間の行程だが、〇七年の時点では、ワーシャが五〇〇キロメートルを克服するには数日を要した。

では、少年はどのようにして一人ぼっちでロシア正教宣教団にたどり着くことができたのか。これは今もってわからない。繰り返すが、この時の少年には日本語はちんぷんかんぷんだった。そんな状態では、今日の日本でも、具合のわるいことが起こりかねない。この少年の場合、祖国ロシアがたった二年前には敵国として戦火を交えた当の日本国の内部を移動していたのだから、何か起きても不思議ではなかったろう。現在でも、観光ルートから外れた場所に白人が出現することは、多くの日本人にはショックを与えかねない。例を一つ挙げよう。日本のある小さな町でのこと、たまたま土地の娘さんと路上でいきなり顔と顔とをもろに鉢合わせにする、というハプニングに僕は見舞われたことがあった。すると、なんと娘さんは失神してしまったのである。

ましてや〇七年という今から一世紀も前の昔では、何をか言わんや、だ。戦争、そう、日露戦争が済んでほんの間もない頃だった。当時、この国では、あまりにもたくさんの人たちが心底から、ロシア人とロシアとを憎んでいた。ロシア人に死を、と望んでいた。ウラジオストクの東洋学院で日本語講師をしていた前田清次は、休暇で東京に来た時に、狂信的なナショナリストの手にかかって、白昼、首都の芝公園五号地で刺殺された。その動機は、前田がロシア人に日本語を教えていた、というものだった。それだけでスパイ（「露探」）とみなされたのである。

ワーシャ少年もまた日本国内を東京に向かう道中、旧敵国人に対する日本人の態度がどんなものか、身に沁みて味わったことだろう。だが、さしあたって、少年には東京に到達する必要があった。そして、見事にやってのけたのである。

在日ロシア正教宣教団の代表者で、東京正教神学校の創立者かつ学校長でもあった大主教ニコライ・ヤポンスキー（「日本のニコライ」）は、それから一年ほどたった頃、この出来事について、まだ消えやらぬ驚きの感情を込めてこう記している。

「宣教団にワーシャ少年が現れたのは、あれは〇七年九月一日のことだった。サハリン送りの女性流刑囚の息子で、天涯の孤児となっていた。後見人からの手紙を携えていた。後見人はサハリンのアレクサンドロフスキー・ポスト集落にあるノヴォミハイロフスカヤ学校の教師で世襲名誉市民のコストロフで、手紙のなかで少年を正教神学校に入学させるように頼んでいた。――これを受理した」。

## ■正教神学校はスパイ学校にあらず

ここで、東京正教神学校とはどんなところか、ちょっと言及しておこう。

ある時、KGBの東京機関の将校が僕に話してくれたことだが、まだ八〇年代のはじめ頃に、その将校の同僚に、モスクワ近郊で聖職者という隠れ蓑に身をくるんで活動していた者があった。その坊さんが、GRU、すなわちソ連軍参謀本部情報総局という「同業者」に関連して、こう羨望の声を発したそうである。

「あいつらのカサートキンはピカイチだね。あの上をいく諜報員はその後の日本ではぜんぜん出ていないのだからな」。

この発言には、いつの頃からか、日本人によって流布されてきた神話の一つが、くっきりと公式化されている。日本正教会の創始者兼代表者はじつは諜報員だった、という神話のことである。だが、今日ではまったくの正確性かつ信頼性をもって明白となっていることだが、俗名カサートキン、すなわち七〇年に「聖人」とされた大主教ニコライ（「御茶ノ水のニコライさん」）は、いかなる秘密の任務をも遂行したことはなかったのだ。とはいえ、上記の若きＫＧＢ勤務員の羨望のよってきたる要因も、存在していたのである。問題は、数年にわたって東京正教神学校がロシアの軍事諜報活動のすぐれた幹部要員を養成していた、という事実にある。とはいっても、学校側自体がそうとは知らないままに結果的にはそうなった、という次第だったのだが……。

ワーシャが突如として東京に出現する時から五年さかのぼる〇二年のこと、日本の首都の中心地を臨む駿河台上の東京ロシア正教宣教団の代表者のところに、ロシアの軍人たちが現われた。二人の少年を正教神学校に入学させて日本語の通訳者にと育ててほしい、という、これは、ロシア軍の側からニコライ大主教への初めての依頼だった。ニコライは受諾する。二人は満洲出身のコサックの少年で、レガソフとロマノフスキーといった。少年たちは〇四〜〇五年の日露戦争では、敵国日本にあって、聖ニコライと共にあらゆる苦難を忍ぶことになる。

〇六年、少年たちが正教神学校を卒業し、軍事通訳としてロシアの勤務地に出立したあと、すぐその代わりに八名が入学し、その後もロシア人学級の補充は再三なされることとなった。日露戦争の進行とともに生じた諜報機関での人員不足を補おうとして、わがロシア軍部はさまざまなプランをひねり出した。そこには、日本国内にロシア出身の孤児を養育する「幼稚園」を開設して幹部諜報員を育成する、という異国趣味的な案まで含まれていた。東京へ上記二名のコサック少年たちを送りつけたというのも、そうした構想の一環だった。

「現地の言語、とくに日本語を身につけたロシア人がおおいに必要である、という現状に鑑み、〇六年に、後アムール軍管区（本部はハルビン市）長官みずからの提唱によって、東京の正教宣教団へ八名のロシア人少年が派遣された」。

だが、その神学校生徒のほぼ半数が、厳しい授業に辛抱がならなかった。知的・肉体的・心理的に課せられる大きな負荷と、すべて日本の規律に従わなければならない、という要求とに耐えられなかったのだ。半数が学業半ばにして正教宣教団を去った。が、それは同時に、「日本人との交渉のための通訳」として軍で勤務する許可をロシア軍から得た上でのことだった。このことはまた、正教神学校での日本語教育がいかにレベルの高いものだったかを証拠立ててもいる。授業以外の日常生活でも、六年間の在学中、ロシア人生徒はお互いの意思疎通では日本語一本やりで通さなければならないほどだった。

正教神学校の授業は二つのカリキュラムを結合して構成されていた。神学校と日本の普通教育学校とのそれである。後者の科目には、柔道が含まれていた。ニコライ大主教は日記にこう記している。

「旅行中の参謀本部少将ダニーロフが大使館付き武官サモイロフ少将とともに訪ねてきた。我々の学校の見学に来たのだ。生徒たちは格闘技の『柔術』を見せた」。

この一節は重要である。というのは、「黒毛のダニーロフ」の異名を有する上記のダニーロフはロシア軍事課報機関の長だったから（一時期、この人物とともにロシア帝国陸軍にはさらに「赤毛のダニーロフ」と「白毛のダニーロフ」が勤務していた）。上記もう一人の将軍サモイロフもすぐれた諜報員で、ロシア人神学校生徒の学習ぶりを監督しに、しばしば学校にやってきた。ロシア特務機関のこうした高官たちが駿河台の丘を登ってきたのは、東京のロシア人居留民団のもっとも尊敬すべき人物であるニコライ大主教に敬意を表するためにばかりではない、ということは明らかだろう。

ただし、大主教自身はこのこと、つまり自分の教え子たちの将来の使命がどんなものになるのかについて、何か察していたのだろうか。彼自身の日記、論文、そして同時代人の回想によると、彼ニコライにはそのことはわかっていなかった、といえる。回想を残した同時代人にしても、その何人かは、じつはロシアの課報機関員だったのではあるが……。たとえば、正教神学校の大きな後援者で日本学教授のポズネーエフは、その一人だった。のみならず、生徒自身もまた、自己の将来については自覚がなかった。授業のカリキュラムをみても日本語の軍事用語の学習などがまったく欠如していた。日本語からロシア語への翻訳の授業ではさまざまな特別のテキストも用いられていた。たとえば、日本語の手紙や新聞、特別な語彙のもの、などである。

ということで、東京正教神学校はけっして「スパイ学校」として存在していたわけではない。いずれにしても、ロシア人スパイを養成する学校ではなかった。しかし、日本人のロシア語通訳者の養成という点でこの学校が果たした役割ということになると、話は違ってくる。運命の手が、日本人の卒業生たちの人生を自国日本の諜報機関に結び付けたからである。

## ■同窓生四人の運命

さて、ここでワーシャの方に話を戻そう。さしあたり、神学校での同窓生の中から以下の人物についてちょっと言及しておきたい。そうすることで、東京正教神学校のロシア人卒業生の運命に共通するものが何なのか、考えてみたいからである。

ネズナイコはワーシャより一年前の一九一二年に同神学校を卒業し、ハルビンに赴き、当地の後アムール軍管区司令部で勤務した。その仕事ぶりは「熱心・確実・誠実という点で群を抜いており、どんな場合でも（とは日本人による評価だが）日本語のすばらしい知識を披露した」。その後は五四年に至るまでネズナイコは中国の鉄道のさまざまな線区と支線で勤務した。翻訳の部署の長として働き、日本語の完璧な知識で周囲を驚かせた。ハルビンの新聞からこんな一節を紹介しておこう。

「ネズナイコはまったく得体の知れない人物である。その話す日本語を聞くと、華麗な菊の花と、芸者のアーモンド状のほっそりとした眼差しとが脳裡に呼び起こされる。日本人でさえ、路上でネズナイコと知り合いになると、会話の終わりには、彼に帽子を脱いでくれるように依頼するのだ。毛髪の色を見て彼が日本人でないことを確信するために、である」。

生涯の最後の時期、ネズナイコは祖国のソ連に戻った。そして六八年に平穏な死を迎えた。スターリン時代に当局の弾圧を免れた数少ない日本学者の一人であった。この人物が「得体の知れない」という点については、二〇一二年になって確信することが可能となった。孫の努力によって、ロシアの公文書館で、おじいさんの生涯のもう一つの側面に光をあてるユニークな文書が「発掘」されたからだ。それは四五年にスメルシュ（スパイ摘発特別部隊）から訊問を受けた場でネズナイコ自身によって書かれた自叙伝であった。そのなかで、彼は自らを在中国ロシア諜報機関の「秘密の通信兵」と称している。この通信業務は数十年の長きにわたったのだが、それは祖国での体制の交替には関わりなく持続したのである。

東京正教神学校のこの若き卒業生はまず、満洲を東西に延びる東清鉄道を守るコサック部隊に勤務した。ロシア革命の後には、白軍の諜報機関の任務でネズナイコは「〔日本の南満洲鉄道の〕警備司令部（寛城子駅）に浸透するように努めた。日本人に関して、そして日本軍のシベリアでの移動に関して秘密の情報を入手する活動に従事したのである。この仕事はかなり危険なものだった。必要なメモはマッチ箱に仕舞わなければならなかった。家に戻ってからはそのメモの暗号を解読して報告書に仕立てなければならなかった」。

それから数年ほど経てのことだが、ハルビンのストレルコーワヤ街のネズナイコの家に、在日ソビエト軍事諜報機関で最初の非合法諜報員が泊まりにきた。ワーシャ、である。新任地へ赴く途上だった。残念ながら、それ以外は推察するしかない。なぜなら、ネズナイコ文書への添え書きにとくにこう記されているからだ。

「四五～五四年の満洲での仕事に関する文書を含む一連の文書群が存在する。それらは諜報活動の報告書であって、国家保安省の防諜機関に所属する将校たちの姓・名・父称を含んでいる」「が、閲覧には該当しない」。

ネズナイコと共に一二年にハルビンに到着した同じ正教神学校卒業生のプレシャコフもプロの諜報員で、第一次大戦の参加者でもあった。それからずいぶんと時が経ち、三七年の内務人民委員部での尋問の場で、プレシャコフは自分のことでこう断言している。まず、陸軍中尉の彼は白軍のコルチャーク軍の諜報機関に東洋語担当将校として勤務し、同盟者の日本軍の今後予想される行動の分析に従事した。日本軍はコルチャーク軍にとっては最も信頼するに足る関係にある、とは言えなかったからだ。通訳ではあったが、諜報機関の主要な任務は怠ることなく、プレシャコフはバイカル湖東岸地方のコサック軍の隊長たちと共に日本派遣軍司令部との交渉に参加した。二三〜二八年には、函館にあるツェントロソユース（ソ連消費組合中央連合）に勤務した。と同時に、日本最北の島である北海道のＯＧＰＵ（統合国家政治保安部）在日諜報部の「守り手」としても活動した。北海道では、在東京諜報機関員の「修道僧」（暗号名）、つまりワーシャと連絡を取っていた。ちなみに、ワーシャ自身は東京でもう一人のロシア人の元同級生であるサゾーノフと連絡を保っていた。後者はコサック頭目のセミョーノフの私設秘書だった。どうやら、ワーシャとサゾーノフはセミョーノフをソビエト側へ寝返りさせようとする工作の準備をしていたらしい。が、この計画は、彼ら自身に非はなかったが、破綻する。四六年一月、サゾーノフはスメルシュの軍事防諜部によって逮捕され、ハバロフスクで銃殺に処された。ＮＫＶＤ（内務人民委員部）の暗号部の勤務員だったプレシャコフの方は三七年にモスクワ近郊のブトフスキー射撃場で射殺される。

翌三八年、同じ射撃場で、もう一人、東京正教神学校出身者が銃殺の憂き目に遭った。同じく白軍のコルチャーク軍に勤務していた「赤系地下組織」諜報員のユルケーヴィチである。ボリシェヴィキ諜報機関の文書では、彼は「エージェントR」で通っており、ウラジオストクの日本占領軍本部で働いていた。国内戦が終わるとユルケーヴィチは優れた日本学者となり、ウラジオストクの東洋学院の講師となった。――ユルケーヴィチが拷問ののちに署名した尋問調書を見る機会があったが、僕は、このことは決して忘れないだろう。

## ■講道館

こうした人たちはその各々が長く詳細な個別の物語に値する。が、ここでは、彼らの親友のワーシャの最初の東京訪問へと話を戻したい。

明らかなことだが、〇八年から東京正教神学校に付属するかたちで「柔道教室」が存在していた。身体鍛錬の基礎として、柔道は当時の日本の学校カリキュラムに含まれていた。そしてここでのトレーニングを講道館の講師が担当していた。講道館とは、柔道学校、あるいは日本語で「道場」というが、その本部のことである。講道館が関与していた、ということは、教育施設としての正教神学校の権威が大きかったことを意味する。しかも、この学校を含む正教宣教団は、この柔道の参謀本部からはさほど離れた場所にあるわけでもなかった、という事情もあった。たぶん、ワーシャは格闘技への抜きんでた才能を見せつけたのだろう。一一年一〇月二九日、彼はもう一人の神学校生ポピレフと共に講道館で直接の指導を受けるように、と招待されたのである。そしてワーシャは一三年六月一五日、神学校卒業の一週間前に、ロシア人としては初めて、ヨーロッパ人では四人目だが、講道館柔道の初段を得たのだ。のちに、一七年一〇月四日、日本に出張した際には講道館の試験に合格して、二段の段位を得た。

ワーシャの一七年の日本出張については、その目的と任務は明らかではない。一三年六月に東京正教神学校を卒業してから一七年のロシアでの一〇月革命までの四年余の時期、ワーシャはハバロフスク、ハルビン、ウラジオストクで防諜機関に勤務していた。沿アムールと後アムールの二つの軍管区とウラジオストク要塞との司令部で作成された文書の保管庫には、未公開の多くの文書がまだ保存されているはずだ。ワーシャの「防諜部将校」としての活動に光を当てるかもしれない文書のことである。その代り、確実に知られているのは、この期間、彼が柔道に励んでいた、ということだ――選手として、トレーナーとして、柔道の宣伝家として、である。一五年、スポーツ雑誌『ヘルクレス』はウラジオストク発のこんなニュース記事を掲載している。

〔当地のスポーツ――引用者註〕協会の幹部会は、〔ウラジオストク〕市内に、日本の格闘技である「柔術」の専門家〔ワーシャ・〕オシェプコフ氏が滞在していることを幸いとして、講師として氏を招待した。今、この格闘技への関心がスポーツマンの間で増大している。この、日本で最も普及しているスポーツ種目の研究に熱中して取り組んでいるのだ。

ワーシャは当地のスポーツ協会の依頼にこたえ、沿海州地方の柔道マニア連の熱狂ぶりを支持し、ウラジオストクの柔道サークルの指導を二〇年まで続けた。

遠い昔、柔道はスーパーマンのスポーツで、スパイと破壊工作者の秘密の武器だった。まだ一八九六年のこと、同じウラジオストクでロシア史上最初の柔道学校を開いたのは内田良平だった——ということは、偶然ではない。内田は日本の諜報員で、日本の超国家主義の理論家・実践家で、二〇世紀初頭の外聞の良からぬ著名な「アムール川の協会」、すなわち黒龍会の創始者だった。だが、内田の柔道学校は身内のため、日本人のための道場だった。この道場は、ウラジオストクの中心にある浦塩本願寺の境内に位置していた。同じ場所には、沿海州の日本人売笑婦の組合である「あけぼの会」もあった。さらに、ここは、日本人諜報員がロシア極東地方を旅行する際の中継基地にもなっていた。

講道館学校の生徒として、柔道の創始者である嘉納治五郎（このひとは日本のこの格闘技のスポーツとしての国際的展望をはっきりと見定めていた）の教え子として、ワーシャは自らの柔道サークルを万人に開かれたものとした。すでに一七年七月四日、彼はウラジオストクで「史上初」（異説もあるが）の柔道国際競技大会を開催する。この時には、小樽市の商業学校の柔道部員たちが参加した。

## ■サハリン再び

残念ながら、一七（大正六）年は、和平への外交努力が主導権を握るという点では、不如意の年であった。一〇月革命のすぐあとに、ワーシャは白系のコルチャーク将軍の軍隊に勤務することになる。当時需要のあった日本語通訳として、である。と同時に、彼はウラジオストクに駐屯していた日本派遣軍の戦時情報部でも同様の仕事をする。帝政ロシアの防諜機関が解散となり、そこを解雇されたワーシャがこうした勤務に就いたのは、どうしてなのか。どうやら、動員されたか、あるいは物質的状況がそうさせた、つまり食うに事欠いた、そのどちらかが原因だったらしい。それに先立って、ワーシャは日本語学校を開こうと試みたり、日本を相手に靴を数プード商取引してお金を稼ごうとしたりした（一プードは一六キログラム強）（みずから日本で靴の買付けをしたことのわかる文書が残されている）。が、どれもうまく行かずに終わった。

そこで、今度は映写機「パウエルス」を購入し、映画賃貸業者になろうと決意する。これは新しい流行の職業だった。が、このことは、不必要な関心を自分自身へと向けさせるだけだった。日本の公務の場でこの若きサハリンっ子が映写機を用いてみせた仕事ぶり、その教養と積極性は、赤系地下活動機関の注意を惹いた。二〇年からその代表者がワーシャとの協力関係の調整をつけていたことのわかる報告書が存在するから、そう言えるのだ。翌二一年、ウラジオストクから故郷の島サハリンに渡ったのは、当地住民と、サハリン全島を占領していた日本兵とに対して、映画を上映するためだった。が、その時点では、ワーシャはすでにソビエト軍諜報機関の秘密の勤務員となっていた。「ＤＤ」（DzuDou〔ジュウドウ〕が由来）と呼ばれる諜報員である。

ワーシャの関心の中心には、（一九二〇年四月に上陸してきた）サハリン北部駐留の日本軍があった。日本語を自由に操り、東京での生活経験もある彼は、容易に日本人将校たちと親密になった。兵隊のために、映画の上映時間中には弁士を務め、巻き上がっていく映画フィルムの内容を説明するのだった。映画の大半はヨーロッパとアメリカの製品だった。サハリン内移動と日本軍人との接触の結果を示すワーシャ作成の諜報報告書が存在する。正確で詳細なものだ。その中には、日本軍部隊の配置と装備に関する情報もある。たとえば、こうである。

「アレクサンドロフスク市〔亜港〕には二つの歩兵部隊が駐屯している。第四部隊と第三部隊だ。合わせて四〇〇名ほどで、「ホチキス」式〔保式〕機関銃八丁を有する。防盾がなく、軽装備型（短銃）で台尻が付いている。一丁の機関銃に四名の機関銃手がつく〔砲軍長一名、砲手三名〕。兵営は市の中心に位置する。そこには三インチ口径の大砲が五門あって、射程距離は七露里半〔約八キロメートル〕である。この大砲は現在は砲兵倉庫内にあって未使用。当地にはいかなる陣地もなく、騎兵隊も存在しない」。

重要な経済施設については以下の通り。

「ペトロフスキー炭鉱について。一二一年の冬は稼働していた。とくに発電所のために個別に石炭を売っていた。石炭の価格は配達料込みで一トンあたり一六円。この炭鉱は〔アレクサンドロフスク〕市から六露里〔約六・四キロメートル〕の所に位置する」。

ワーシャの諜報活動の報告書には、日本軍高級幹部のごく詳しい情報も含まれている。サハリンで勤務する日本人将軍らの伝記、その近親関係及び軍隊内の位階、履歴書、個人的資質の記述、写真などである。提出された報告書の十全さは、すべての点から判断して、エージェント「ＤＤ」〔ワーシャ〕の当時の上司たちを満足させた。彼らはワーシャに対してサハリン南部への異動を命じた。そこは昔から日本人の住み慣れた場所であった。だが、彼は命令を拒否する。その代り、自分から別の異動提案を出した。東京行き、である。東京を離れたのはまだ数年前のことだった。ワーシャにとってはなじみのモノとヒトがこの都市にはたくさん残っていたのだ。

## ■ハルビンから神戸へ

しかし、ワーシャの伝記上の「トポグラフィ」（主に東京のどこに住み活動していたのか）の部分に移行する前に、言及すべきことがある。

東京への途上、彼は「在中国ロシア人社会の首都」ハルビンに立ち寄った。その都市ではネズナイコの所に泊まり、同地でサハリン出身の同郷人マリヤと知り合った。残念ながら、この娘の情報は極端に少ない。上記報告書の補足の記述によれば、彼女はまだ若かった。二四年の時点でたったの一七歳で、きれいな娘だった。このことは残された数少ない写真でわかる。だが、健康には恵まれていなかった。肺病に冒されていて、まもなく彼女の地上での歩みは断ち切られてしまう。マリヤの姓が何というのか、じつはこのことが今日まで国家的秘密のままなのである。そんなにしてまで秘密にする必要がどこにあるのか、筆者にはさっぱりわからない。

オシェプコフと妻マリヤ、日本にて

が、それはともかく、マリヤとの結婚を届け出たあと、ワーシャは上海経由で、すでに「在日ロシア人社会の首都」となっていた神戸へと出立した。そして、二四年一一月二四日に神戸に到着する。ワーシャ夫妻が日本に到着して最初に生活した場所が神戸だった、ということ、これはあらかじめ選択されていたことだった。かりに、自覚的になされたことではなかったとしても、きわめて正鵠を得た選択であろう。

というのは、二三年九月一日の関東大震災ののち、神戸は日本の多くの外国人避難民の密集地となっていたからだ。この国最大の輸入港としての神戸は、日本的な尺度で言えば、かなり大きな規模の外国人からの需要を自らのうちに溶解させて、それを保障することができたのである。在日ロシア人離散民の研究家であるポダルコ教授の評価によれば、ロシア人だけでも神戸には三〇〇人以上もいた。前世紀の二〇年代の日本のような閉ざされた国では、これは異常な多さだった。神戸には今も屋敷町の北野に「ロシア人町」の痕跡が残る。その近くでワーシャ夫妻はほぼ七～八カ月の間、生活していた。東京へと引っ越すことになる翌二五年の中頃までのことである。

この期間、ワーシャはこの国で完全に合法的に生活することができた。自らへの尾行の情報については、当の日本警察の側から入手することができた。また、ドイツの映画会社「ヴェースチ（ニュース）」の日本での代表者になってほしい、という提案をされたこともあった。

だが、神戸は諜報活動の可能性という点では、とても諜報機関中央を満足させるものではなかっただろう。当地の亡命ロシア人は、とくに貴重な情報を提供することはなかったし、警察当局からの監視はあまりに濃密だったからである。だが、東京は新しい展望を約束した。東京に引っ越してからのワーシャは、期待に違わないことを証明すべく努めた。いよいよ「東京でのワーシャ」の話を始めよう。

## 2　赤　坂

### ■日本での諜報活動の困難性

ワーシャは、ソビエト軍事諜報機関史上初の「東京在住の非合法駐在員」だった。その先覚者の立場にふさわしく、日本への出発以前に、東京での活動の計画書を、ワーシャは次のように作成していた。

「一、何よりもまず、日本の学校で私が共に学んでいた日本人たちが、今、どんな施設に勤務しているのかを究明すること。（ここでいう「日本の学校」とは東京正教神学校を指す。当時のソ連では、もっともなイデオロギー的理由から、学校の名称を明らかにすることを避けたということだ。「郷に入りては郷に従え」というわけ——引用者註）

二、連隊駐屯地の近くにしかるべき住居を見つけること。

三、連隊駐屯地と同じ地区にある『柔術』クラブに会員登録すること。

四、家族の誰かに軍人がいる学生と知り合いになること。

五、連隊のための仕事をしている写真屋と知り合いになること。

六、必要な場合には、妻にロシア語教室を開かせること。

七、協力者チェプチン（日本人K）との定期的会合の時間と場所を確定すること。

八、函館のツェントロソユース〔ソ連消費組合中央連合〕で働くプレシャコフとの関係を調整すること。

ウラジオストクまたはハルビンに資料を発送するためには、彼を通すしかない。
九、私に関心を抱かせるような施設で働くロシア人と知り合いになること。
一〇、学友サゾーノフとの会合を頻繁なものにすること。コサック頭目のセミョーノフの右腕であるこの学友を通して、日本の政界と軍部の誰彼と知り合いになること。」

以上のプランの上っ面を眺めただけでも、かつて沿海州地方の諜報機関で働いていたワーシャだけあって、日本人諜報員たちの経験をもったいぶらずに利用しようと決めていた、と判断できよう。その経験というのは、日露戦争の開戦前に、日本人諜報員が何らかのロシア軍部隊の近くで洗濯屋として、あるいは良くて写真屋として、そうした実入りのいい職に就くのを好んだ、ということである。今も、多くの怪しげな外国人、とくに東洋諸国のその種の人たちが、モスクワのホロシェフスコエ街道沿いのロシア軍参謀本部情報総局の建物の検問所そばのどこかに、執拗に自分たちの住居を探そうとしている――「日の下には新しき者あらざるなり」という次第だ。

今日でも、現地の写真館に出向いたり、プロのカメラマンを招いたりして、兵隊や将校が記念撮影をするのは、珍しくない。だが、まだ携帯電話が存在せず、写真撮影が流行してその隆盛を極め、写真館がとくに尊敬と訪問に値する場所だった、という時代には、写真師は、自分の写真館のすぐ近くに駐屯する軍人のすべてと例外なく顔見知りとなっただろう。ましてや、知的で教養の高い外国人であるワーシャとしてみれば、写真館での日本人写真師との会話を通して、貴重な情報をたくさん入手するという点では、期するところがあったろう。たとえば、写真館と隣り合って分宿する部隊の人的構成について、と同時に、部隊の移動、時間割、装備に関する情報、といったことである。

ところで、わが諜報員（ワーシャ）が上記計画書の第五項（「写真屋」）のみならず第二項（「住居」）と第三項（「柔術クラブ」）をも遂行したとしたら、つまり日本軍部隊のすぐそばに居を構えていたならば、であるが、その場合は、どうなったろうか。その際には、盛りだくさんの貴重な情報を確保できただろう。というのは、日本人諜報員もまた、わが国（ロシア、ソ連）で同じように行動していたからだ。ワーシャの上司たちもおそらくそう考えただろうし、いろんな書物にもそう書かれているし、僕もまたそのように考えていた――しかし、これは、誤りだった。いずれにせよ、今、僕はこう確信している、当時の僕の考えは誤っていた、と。まったく同様に、ワーシャ自身もまた誤っていた。上記の東京での自らの活動計画を、諜報機関本部の「おじさん」へと送付した際のことだったが……。

「ロシアはロシア、日本は日本、両者の違いをわきまえよ」ということである。どう陳腐に響こうと、これは客観的事実である。諜報活動の場合、この、ごく単純な真理への無理解は、諜報員にとって、致命的か破滅的なものとなりかねない。たとえば、わがロシアのような条件下では、軍の部隊のすぐ近くに、洗濯屋、パン屋、カフェ、写真館、映画館などの社会生活基盤的企業が存在することは、軍人にも警察官にも何の不安も呼び起こさない。もちろん、こうした平穏な状態は、日本の軍艦と軍隊という名の「フライドチキン」がロシアの軍人や警官の剣帯の下の急所をそのくちばしで衝っ突く、という素晴らしき瞬間が訪れるや否や、がらりと一変するのである（「フライドチキン」云々はロシアの慣用句から）。だから、日露戦争が始まってからようやくにして、前線近くと防御施設周辺の土地とから、怪しい人物（たいていは中国人だったが）を一掃する過程が始まったのだ。彼らのうちの何人が大義のため、すなわち日本のためのスパイ行為ゆえに銃殺に処されたのか、幾人が誤って殺されたのか、この事実の解明は不可能だと思われる。もう一つ、重要なことがある。それは、ロシアの防諜機関が日本人の情報収集方法を暴露し、理解し、それを盛んに用いた、ということである。とはいっても……ロシアは、日本ではない。

我々の記憶するように、ワーシャが東京正教神学校で学んでいた時期、日本でのロシアの軍事諜報員、すなわち駐在武官は誰だったかというと、それは陸軍中佐、のちに参謀本部少将のサモイロフであった。長年、東京に住んでいた彼は日本語をよく知っていた。この国の文化と住民の心性とを、繊細に感ずることができた。彼は「日本での諜報活動はとくに困難で危険性が高い業務である」ことを理解していた。ペテルブルグへの報告書の一つで、サモイロフはその困難のよってきたる原因についてこう述べている。

一、我々に助力を申し出る日本人は、通常、賭博と飲酒癖の結果、金銭的困難に陥らざるを得ない。一方、日本では賭博が禁止されている以上、次のような機会が多くあるだろう。当事者がすでに警察の監視下に置かれ、その一歩一歩が尾行されている、という状態である。したがって、このような人物は簡単に敵の術中に堕ち、裏切り者となる。通常は、かなり早いうちからそうなる。

二、日本人は決してお喋りということでは罪に問われない。ヨーロッパ諸国では将校、官吏などに特有の会話のテーマは、当該職場以外の場では決して話題とならない。したがって、誰にとっても、その種の話題を耳にして、どんな目的のためにせよ、それを利用することは、可能性からして根絶されている。

三、日本人は、ヨーロッパ諸国では大衆に売られている多くの出版物を秘密扱いにしている。たとえば、大半の地図、正規の職員録、その他の秘密事項のもの。

四、日本人には、お互いを探偵し盗み見るという習慣が根付いている。このことが秘密警察で優れた勤務員を輩出させている。日本では、密告者とスパイという生業は厭うべきものとはみなされていない。

五、誇張なく言い得ることだが、日本に住んでいるすべての外国人の公的人物は、いつも踵を接して警察の勤務員に尾行されている。後者は時として身を隠すこともしない。何のために倦むことなく尾行しているのか、とこちらから質問してみても、大抵は「貴殿の身の安全のためにやっている」という回答が返ってくるばかりである。（…）日本人は、その家の主人が不在の際には、屋内の品物をじろじろ眺めたり、他人の手紙を勝手に読んだり、盗み聴きをしたり、等々の行為を臆することなく仕出かす。

〇七〜〇八年に東京に研修で来ていた参謀本部将校ストロミロフは、上司の言うことにあいづちを打ちつつ、こう断言している。

「ヨーロッパの軍隊では、良き兵隊とは良き諜報員に相違ないが、日本では、すべての兵隊がスパイでなければならず、すべての市民にはその備えがあらねばならない（あるいは現にそうしている）。

日本行きの汽船にロシア人が乗り込むとすぐに、秘密の監視が始まる。が、当のロシア人はそのことに気づきもしない。監視はロシア人の彼が『蓮の国』〔日本〕に滞在する全期間にわたって行なわれる。そして、そのロシア人の一挙手一投足（文字通りにそうだ）と、一銭二銭に至るまでの金銭の支出ぶりと、発言の一語一語までと、すべてが記録される。地方の小都市では、そこの新聞に『露探〔ロシア人のスパイ〕誰それ』の記事が載ることがある。が、書かれた当のロシア人自身が日本語がわからず、報道されたこと自体をまったく知らないでいる（ほとんどのロシア人がそうだ。例外は数人に過ぎない。が、その人たちにしても日本側から厳しい監視を受けていることには変わりない）。『信書の秘密』は守るべし、とあげつらうのも、ここ日本では滑稽というものである」。

## ■ワーシャの諜報活動に対する評価

ワーシャが妻とともに二四年一一月に来日した時は、ロシア帝国の軍事省が『日本の全体像』という書籍を刊行してから一四年が経っていた。上記の引用文は、この本から取った。ワーシャは日本に上陸するや、身に沁みてこう確信したことだろう、この引用文にみられる日本的な伝統というものは今も昔も変わりはしない、と。ワーシャ夫妻は上海から汽船で神戸に到着した。神戸では、まもなく警察の監視下に置かれ、担当の警察官の訪問を受けることになる（ワーシャの最初の伝記の作者ルカショフの記述による。この記述を信じない理由もない）。幸いにして、この幸せな状態は、ワーシャの日本滞在中は常に付いてまわった。その警官はワーシャと顔なじみとなる。日本人のロシア通も、ロシア人の日本通も、どちらもいつも人員不足だったからだ。

よって、二人がしばしば個人的につきあうのも珍しいことではなくなった。その日本人警官が酒に酔ってワーシャに打ち明けて言うには、上海からの汽船でコードネーム「DD」というソ連諜報員が日本にやってきており、職業は映画のブローカーである、とのことだった。「DD」とは言うまでもなく「ジュウドウ」の発音から作られたものだ。あるいは、当時のワーシャのあだ名が「ジュウ・ドー」だったことから来ているのかもしれない。もちろん、「映画のブローカー」で「諜報員」とはまさしくワーシャ本人に相違はなかった。

いったい誰が日本側にそのことをばらしたのか。これは今もって不明だが、十中八九、明白なことがある。漏洩が起きた場所はハルビンか上海かどちらかの諜報機関である、ということだ。こうした結論を持つことは、以下のことと関連がある。すなわち、ワーシャへの尾行は常時続行されていたにもかかわらず、彼が一度として明確にソビエト諜報員だとは特定されず、摘発もされなかった、ということである。検挙の危険性があることを知ったウラジオストクの諜報機関中央は、すぐさま彼のコードネームを変えることにした。で、ワーシャは新しく「修道士」と名付けられたのだ（どうやら、彼の上司たちは、尾行はつくが捕まらないというこのどっちつかずの「日本での実地訓練」に隠されている危険な兆候を確かに感知していたのだろう）。また、そんな目に遭った彼自身にしても、とくに用心深くなり、注意深くもなったのである。

ちなみに、諜報員の職業的力量という点で、ワーシャはどのレベルに達していたのだろうか。技量は高いものだったのか。この問いへの答えは二つの部分で構成される。第一には、ルカショフが証明しているように、当時のワーシャの上司の一人による次のような評価がある。

情報源一〇四三号（ワーシャのこと——引用者註）はたいへん興味深い情報を提供している。それは、日本軍司令部が旧来の軍事訓練の原則を放棄したことと、演習遂行のことなど、多くの興味ある問題に及んでいる。（…）師団長会議の貴重な情報とか、毒ガスとその応用の研究に関する情報とかもある（紋切型を脱して、技術の進歩に基づく研究、ということか——引用者註）。

この文言を含む文書の末尾に付された「登録カード」には、「修道士」が提供した報告書、文書、書籍の圧倒的多数について、「重要」、「とくに重要」という評価が記されている。

第二には、ワーシャのサハリン報告書について、次のような評価がなされていることだ。ただし、これは現代の二〇一一年に書かれたものではあるが……。

この文書は明白かつ簡潔に書かれており、細目への不必要な言及はない。このことは、作戦・戦略班とその上級の部局の幹部に対する報告書としては、ごく特徴的なものである。予めそういう形式の求められた文書にとっては、という意味だが。当該文書の執筆の日付にみられる歴史的な時期にあっては、労農赤軍の軍事諜報機関の諸部局はまだ形成段階にあり、その出勤記録の構成もようやく整おうとしていた——ということを考慮するならば、ワーシャのこの文書の基礎には、帝政ロシア軍参謀本部の旧式文書のひな型が利用されていた、と判断する根拠がある。**とくに強調すべきことは、今日の観点からみて、資料の記述という点で、軍事的、政治的、経済的な**

**知識のレベルの高さが際立つ**、ということだ（太字による強調は引用者による）。当時の労農赤軍の職員の熟練度について、その一般的水準を考慮するならば、すぐに文書をまとめ上げることのできるような人物は、特別な情報分析能力を身につけていた、つまりすでに革命以前の時期に軍事諜報機関の幹部勤務員だった、という公算が大である。そう推定してもよいだろう。（…）占領地域に一定の体制と移動制限とがあったことを考慮するならば（このことへの言及は報告書の本文に存在する）、軍事施設の写真をとること、状況を地図に書き込むために情報の収集をすること、そうした作業には多大な時間と労力とが費やされたはずである。

以上、何のために僕はこの引用をしたのか。ワーシャが諜報員のプロだったことを読者に理解してもらうために、である。が、その高い能力がしかるべき評価を受けるのは、ようやく当人が日本から祖国へと帰還したあとのことだった。ワーシャには、複雑な状況から結論を導き出し、行動方針を変更できる能力があった。自主的に状況を分析し、得られた結論を考慮しつつ、情報の収集方法を改善することができた。神戸では、このロシア人諜報専門家に対して日本人警察官が与えた教訓もまた、利益となった。というのは、軍事諜報機関からみて見通しの暗い亡命ロシア人の港町の神戸から東京へと移転したあとで、ワーシャは自身の行動計画と諜報活動の戦術とを練り上げたからだ。ただし、その際には、たったの数カ月前に自身が想定していたのとはまったく異なる計画を作成したのだった。そして、それは諜報機関の指導部が是認していた指針にも則っていなかった。こうなった理由を理解するには神戸での教訓のほかに「東京のトポグラフィ（ワーシャが東京のどこに住み、活動したのかの地誌的研究)」の助けが要るだろう。

## ■「戦術的」にあらず「戦略的」な情報こそ必要

ワーシャの伝記の「正典」的文献では、東京で暮らしていた住居と、仕事先の場所とについて、その確定には誤りが含まれているにせよ、そのアドレスはかなり正確に算定されている。じつを言えば、以上の記述はすべて、ルカショフ著『サンボの創造者――ツァーリ獄で生まれスターリン獄で死んだ人』に依拠している。すでにたびたび言及してきた本だ。この本に盛り込まれた情報を、著者のルカショフはどこから入手したのかといえば、それは、在日諜報員「修道士」(ワーシャ)によって作成された諜報文書を綴じ合わせたファイルからであった。

そうしたアーカイブ資料によれば、ワーシャ夫妻が借りた住居はシュミット公爵経営のドイツ人用の賄(まかない)つきの下宿屋であって、その隣が麻布歩兵第三聯隊の兵舎だった(なお、ルカショフは「アザブ」ではなく「アバズ」と誤記している)。写真師との付き合いも、任務計画に従ってなされた。うまいことに、写真スタジオは、同じ麻布の歩兵第一聯隊の兵営の真向かいにあった。写真館の主人を通して、ワーシャは兵隊勤務の時間割を入手することに成功する。これが、綴じ合わせた文書ファイルに含まれていた。

が、すぐに次のような単純な問いが生ずる。第一に、なんだってソビエト諜報機関はこんな時間割を必要としたのか(軍事スポーツへの好奇心だけは例外的に認めるとしても)。第二に、当時、これらの聯隊はどこに存在していたのか。

第一の問いに答えるのは難しいことではない。もしも任務がこのルカショフの本に記述された通りならば、それは正真正銘の「お役所的回答」ということになろう。なぜならば、すでに二〇年前に戦闘を交えたその当の国（大日本帝国）の歩兵聯隊の勤務の時間割なんかは、ワーシャが東京に到着する以前に、とうの昔から知られていたからだ。その変更部分も含めて、すでに詳細に調査済みだったのである。すなわち、ワーシャの先輩たちが作成したそうした内容の文書がたくさん保管されていたのだ。

「修道士」（ワーシャ）が新しい任務を遂行したことは間違いはない。が、そのことは、ソビエトの軍事諜報機関にとっては、彼が成功裡に任務を遂行した、という報告書自体を除いては、他に何物ももたらさなかった。（一三年から二四年まで）作戦行動の経験がすでに一〇年間もあったワーシャにとっては、このこと（自己の仕事の成果の物足りなさ）は理解せずにはいられなかった。にもかかわらず、彼は諜報活動に関する日本型の規範に則って自己の行動を計画したのだろうか。日露戦争直前の〇二〜〇四年の時期、日本人諜報員のこうした行動様式は、なんとなくとはいえ、正当化されていた。つまり、当時は、敵軍について、どんなに詳細きわまるものであっても、大量の情報を収集する必要があったからだ。だが、かつてはそうだったとしても、二五年となると事態は変わっていた。もう明らかにソビエト連邦は日本と戦争するつもりはなかったのだ。少なくとも「翌日に」「明日に」戦争することはしない、という意味ではあったけれども……。ソビエト諜報機関にとって日本軍の情報は必要だったが、それは、「戦術的」な程度の情報が欲しい、ということではなかった。そんなものはすでにふんだんにあったから。ではなくて、「戦略的」というレベルの情報が必要だったのだ。町の写真館の

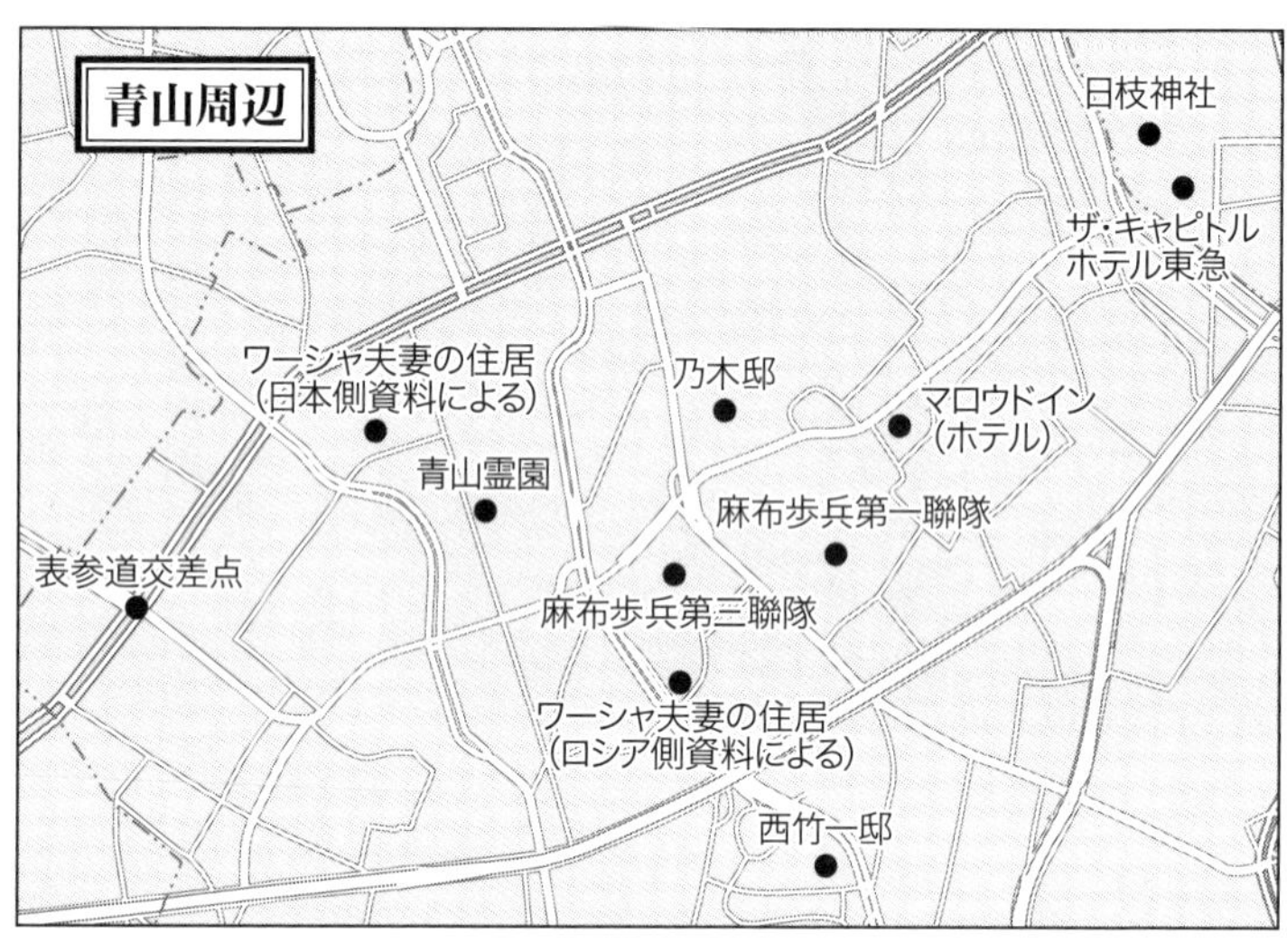


助けによってはこうした情報収集の任務は遂行しえない。このことは火を見るよりも明らかだろう。

## ■麻布歩兵第三聯隊

第二の問い（聯隊の住所は？）に答えることは、最初は、ずいぶんと難しくみえた。しかし、上記のルカショフ本にある「アバズ」が「アザブ」だとわかると、東京中央の「麻布」という地区でその住所探しをせねばならない、という考えが生じた。もっとも、わがロシア軍の場合は、たとえば、タマニ師団とカンテミロフカ師団の所在地は、タマニ市とカンテミロフカ市でなければならない、という必要性は必ずしもない。師団名がその師団の駐屯地の名称とは一致しなくともよいのだ。現に、どちらの師団もそうした市にではなくモスクワ近郊に存在している。だが、日本では何もかも別様に仕立てられている。長い探索の結果として明らかになったことだが、「麻布」は、まったく具体的な地理的な結び目の役割を果たしていた。のみならず、二つの聯隊（「第一」と「第三」）は選良的な第一歩兵師団の構成員であって（近衛第一師団と混同しないように！）、各聯隊の所在地は互いに隣同士だった。

麻布歩兵第三聯隊は、大正末と昭和はじめの地図には、かなりくっきりと表示されている。それも、二〇年代後半〜三〇年代はじめまでの時期のことであるが……。一二三年の関東大震災で大損害を被ったにもかかわらず、この聯隊は駐屯地を変更しなかった。だから、二五年七月に東京に到着したワーシャは、震災後の再建と復興の途上にあるこの聯隊を見たはずである。しかし、それは以前の場所、すなわち新龍土町でのことだった。この地区は大きな丘で、外苑東通りから西へほぼ二〇〇メートルの所にあって、当時すでに存在していた巨大な青山墓地を見下ろす位置にあった。もしも当時の詳細な地図を眺めるならば、歩兵第三聯隊の兵舎が巨大なロシア語の文字Фの形をしていることがわかるだろう。が、これはもちろん漢字の「日」の形なのである。「日」とは太陽を意味し、「ニホン」もしくは「ニッポン」というこの国の名称の最初の漢字の文字である。兵舎の前面には巨大な練兵場が存在し、厩舎と兵器廠とが造られていて、この地域全体が塀で囲われていた。

麻布歩兵第三聯隊のミニチュア模型

第二次大戦後、この場所は六二年から大学の研究所（東大生産技術研究所）の管理下へ移行し、つい最近（二〇〇一年）まで東京の研究者らに利用されていた（九七年からは政策研究大学院大学も建つ）。二〇〇七年、この麻布歩兵第三聯隊のあった場所に、独特な施設がその業務を開始した。国立新美術館、である。設計者は日本の天才的建築家の黒川紀章だ。美的な点で驚くべき建物で、未来派様式がことのほか印象的だが、それが今、旧兵舎のあった場所に建っている。否、建っているばかりではない。記憶しているのだ。

というのは、この独特な美術館一階の、巨大なガラス張りのホールの中に、縮尺百分の一の、まさにその兵舎の模型が置かれているからだ。それは兵舎の外観を復元しているばかりでなく、兵舎の断面図をも見せていて、練兵場に整列する兵隊、馬、武器をもごく小さな模造品の形で提供している（現在は美術館別館に展示）。この模型に付された説明書きをみると、新美術館の建物を建設する際に、じつはその兵舎の窓ガラスが利用された、とある。ここでちょっと空想に耽ってみたい。美術館のガラスの壁を通して、何よりもまず東京に係留された宇宙人の船を想わせるその傘置場を眺めつつ、こんな想像の翼を羽ばたかせることもできよう。まさにこの同じガラスを通して見えてくる光景があるのだ。それは、明るい色の帽子をかぶって手にはステッキを握った胡散臭い背の高い外国人（ワーシャ）が、

**国立新美術館**
麻布歩兵第三聯隊の兵舎跡の敷地に建立

その聯隊の検問所のそばをいつも行ったり来たりしている、という光景であり、鼻面の大きな日本人下士官が、その不審な外国人を横目で眺めている、という情景のことである。

こんなわけで、行動計画書に従ってワーシャがその身を結びつけざるを得なくなった（今は国立新美術館の存在する）第一の地点（麻布歩兵第三聯隊のあった場所）は見つかったわけだが、では、第二の地点は現在のどこに相当するのか。麻布歩兵第一聯隊の兵舎のことだが、それは道路、そう、外苑東通りを越えた向こうにあった。

## ■麻布歩兵第一聯隊

九八年、最初に東京を訪れた時、僕に用意されたのは「赤坂マロウドイン」ホテルの一室であった。晩に着くと、ロシア的な慣習が抜けないままに部屋の窓を開けた。「東京の景勝地」を見ようとしたのだ。だが、日本のビジネスホテルの部屋の窓越しに魅力的な光景が眺められるなんてことは、めったにあるものでない。こうしたホテルはたいてい隣接する建物の壁と直面しているからだ。僕の場合、窓の外にはかなり黒々とした街区が開けていた。街灯がいくつも輝き、低い建物が立て込んでいた。だが、広告の明かりがきらきらしている隣の街区と比べると、その暗い場所は荒地のようにみえた。窓は閉めなければならなかった。が、毎晩、僕は散歩に出て、直感的な東京調査をためしてみた。直感的、というのは、当時の僕には日本語のいかなる素養もなかったし、この都市の地図さえも所持していなかったからだ。ただ希望だけが、そして軍隊でのトポグラフィ（地誌、地形測量）の経験と、記憶力とがあるだけだった。つまり僕は町の角々で建物の特徴を記憶に留めようとしたのだ。広告の看板とか、商店、銀行とか、自分の歩行の方向とか。

――まもなく僕は、ホテルの部屋から見えていたその暗い一画の真ん前に立った。つい最近まで軍隊に勤務していたので、長い塀、検問所、闇に隠れている制服姿の当直、といった特徴をみるだけで、ああこれは軍隊だな、と悟ったのである。途方もなく驚かされたことには、検問所の周辺に黒人が群がっていて、僕の手に、「女性のビジネス」施設の広告入りハガキのようなものを突っ込もうとしたのだ。当時のロシアではこんな光景はまだ想像することもできなかった。その時すでに、僕は、滞在先の隣の地区が六本木と呼ばれており、外国人が夜の気晴らしを好む場所の一つであることを知っていたようだ。そこも僕が夜の散歩をした地区ではあったが……。もっとあとになって、その検問所の向こうに何が存在するのかを知った。日本の国防総監部（防衛庁・当時）である。

二〇〇〇年、この中央軍事官庁のオフィスはここから市ヶ谷地区へと引っ越した。麻布歩兵第一聯隊の旧兵舎のあったこの場所に、二〇〇七年になって、デラックスな商業施設およびホテルのセンターとして「東京ミッドタウン」が開業した。

## ■新龍土町

では、ワーシャは、現在の新美術館の建物がある地区で、今日のミッドタウンの向かい側のどこかに住んでいたのか。ありうることだ。古い地図によれば、この場所は龍土町（りゅうどちょう）という小さな町に、あるいは、新龍土町の一〇番地と一一番地に該当する（後者の場所を記憶に留めておこう。それはミッドタウンの曲がり角に面するガソリンスタンドの周囲に拡がる区画である）。だから、（そもそもは既述のロシア側資料によるが）

ワーシャの住所の問題では、それは大いにありうる。いずれにしても、この結論に到達した際、僕は政治学者のモロジャコフと一緒であった。この人とともに最初の（非合法の、外交官特権に護られない）在日諜報機関員ワーシャの住所を探したのである。

それにしても、ワーシャによる住居の選び方には奇妙なところがある、と言わざるを得ない。ワーシャは白人の巨漢であった（その身長は約一八〇センチ。当時の日本人の標準は一五五～一六〇センチ。ワーシャの体重は八〇キロ）。そんな目立つ体格の持ち主なのに、どうして、二つの日本軍エリート部隊の所在地にはさまれた空間に、住居を構えることを決意したのだろうか。常時、兵士らを監視することが目的だったとはいえ……。

ワーシャは、周囲の同時代人の評価では、魅力的な人物で、日本語を見事に用い、当時の日本で最尖端の、尊敬されてもいた職業に従事していた。弁士、である。ワーシャはたんに映画を上映しただけではない。無声映画を自身の名演技によってトーキー映画に変貌させたのだ。スクリーン上の出来事を観客に日本語で講釈したのである。

また、講道館柔道の二段という腕前は、軍人の間に尊敬の念を呼び起こさざるを得なかった。当時の日本軍人は一人残らず、格闘技に励まなければならなかった。なかんずく、剣術と柔道に、である。にもかかわらず、であるが、この外国人にとって、以上の活動は、あまりにも多くの注目を自分自身に対して集めることにならなかったか。そしてそこには異国情緒的な要素がかなり多かったのではないか。ましてや、東都での滞在の真の目的のためには、周囲の人々から知られずにいることが必要だったのだから、それは尚更というものだろう。なぜなら、龍土町とその近郊、すなわち麻布区と赤坂区とは、たんなる軍隊の駐屯地ではなかったからである。戦前、そこは東京の軍人町だったのだ。勤務地であるばかりでなく、生活の場でもあったのだ。首都に駐屯する兵団に勤める将校の大部分が生活していたのである。

## ■麻布、赤坂、市ヶ谷、九段

一七世紀から現代に至るまで、東都では封建的な街づくりの残滓が保たれている。ある場所では武器を、他の場所では書籍を、第三の場所では魚類を、というふうに商売の分担をしている。武士の中世は過ぎ去ったとはいっても、東京っ子の、町ごとに職業的特色を出すという慣習は、残されてきたし、今日でも部分的に保存されている。

第二次大戦後にはすでに、この都市には、ラジオ部品の販売センターとして秋葉原という地区が発生していた。ここはのちに「電化製品の街」に姿を変えた。今では急激に「アニメの町アキバ」へと変貌しつつある。

同じ頃、「ファッション文化の並木道」の表参道が出現し、ちょっと遅れて若者文化の地区である原宿が脚光を浴びた。かつて、この地域には帝国海軍総督の竹下勇と東郷平八郎の邸宅が建っていた。

現在では、軍人の地区は市ヶ谷と九段だ。二〇年代には、軍の部隊の多くが麻布区とそれに隣接する赤坂区に配置されていた。上述の歩兵第一師団の部隊のほかに同じ地域に展開していた二つの大きな編成部隊がある。その一つが近衛第一師団である。佐官と将官たちは昔からこの絵のように美しい、急坂の多い場所に目をつけていた。自分らの邸宅を建てたり、領地として取得したりしたのである。

## ■乃木邸

この二つの聯隊の敷地に向き合う場所に、小さな、ごくつつましやかな邸宅が存在する。一二年に乃木希典将軍が自らの地上での人生行路にとどめをさした場所である。ソビエトの作家ピリニャークが、このことを語っている。二六年、彼は初めて日本にやってきた。この時、乃木邸のすぐ隣に滞在したのである。『太陽の根源の国ニッポン』という著作のなかで、ピリニャークはこう回想している。

乃木元帥の家に行った。彼が妻とともにハラキリをやった所だ。現在、その家のそばには乃木神社がある。乃木の家は博物館が所有している。神社のほうは祈禱者の共有財産だ。乃木は国民的英雄である。その名はロシアで知られている。ロシアを打ち負かした元帥の一人だからだ。

否、乃木は元帥ではなく将軍（大将）だったが、実際に、最も著名な司令官の一人で、旅順占領の英雄であった。だが、この勝利はたいへん高くついた。それは、ロシアとのポーツマス条約が締結されてすぐ、明治帝との個人的な引見の場で、乃木のほうから「自決」を願い出たほどであった。ロシア要塞の包囲戦で被った日本軍の損害が法外なものだったからである。少なくとも六万人が死傷したのだ。しかも、日本軍の将校であった彼の二人の息子も命を落とした。この英雄にとって、勝利は余りにも高くついたのである。だが、明治帝は乃木将軍が自殺を考えることを禁じ、彼を自らの息子、のちの大正帝の養育係に任命した。七年後、明治帝の死は乃木をその約束から解き放ち、神格化された君主の葬儀に参列したあと、記念写真を撮り（この写真はその後、長い間、武士の本分への忠誠という命題の最も重要な実例となった）、妻とともに、かねてから企図していたことを実行するべく決意したのだ。明治帝の肖像画の真ん前で腹を十文字に掻っ切ったのである。妻のほうはのどを短刀で一突きしたが、その勢いは頸椎を切り裂くほどだった。しかし、もしかしたら、それは夫が手をかけたのかもしれない。自分が自殺する直前に、であるが……。いずれにせよ、現場に目撃者はいなかった。

ピリニャークは書いている。

行ってみると、小さな家が建っていた。どこかわが国の、郡の医師や農業技師の家を想わせる家である。家の周囲に小さな通路があり、外から窓越しに内部が見える。ヨーロッパ人の観点に立つと、これは「空き家」である。テーブルも椅子もなく、床は畳（上等のむしろ）で覆われ、壁には掛物が、妻の部屋には鏡台がある。鏡台とはその前で床に座って着衣する場所のことだ。さらに、元帥の机がある。これも床に座ってから、書き物をしなければならない。以上で全部だ。他には何物もない。角の部屋には、元帥とその妻が座してハラキリを決行した場所が示されている。隅には、二人の血に染まったマットが筒状に巻かれて置かれている。死の直前、二人は部屋の真ん中、火鉢のそばに座っていた。どちらも死の直前、短歌をものした。乃木元帥の生涯の実話とその死とは、日本民族の名誉と生の正当性についての観念の精髄である。元帥は民族的英雄であり、愛国者であり、祖国の市民である。家の中の家具調度品とその生活慣習とは禁欲主義的なまでに簡素である。そして、その死もまた禁欲主義的なまでに簡素だ。それは死を超える死である。乃木将軍の家の周りには木々がこんもりと生い茂り、神経に憩いを与えている。桜の樹だ(日本では白樺ほどの大きさになる)。桜花は男性の魂の象徴である。この花の下で日本人はハラキリをする。すなわち、特別のナイフでみずからの腹を搔っ切るのだ。(…)私は乃木の家を出て、彼の名を冠した神社がその家に寄り添うように建っている公園をあとにした。その時、わが脳裡はほとんど茫然の状態にあった。

ちなみに、以上の引用文の著者ピリニャークが今日でもその形状が変わらぬ乃木邸を訪れたのは、単純な理由からだった。そこがサムライ精神で養育された日本人の大衆的な巡礼の場所の一つだったからだ。現在では多くが変わってしまったが、今も独自の雰囲気には驚かされるし、心が締め付けられる都内の一角である。尊敬の念なしには向き合えない場所だ。

## ■ワーシャとゾルゲ

しかし、このような界隈にあるということが、ソビエト軍事諜報員にとって何の利益になったのか。この問いに対しては、説得力ある返答はできそうにもない。もちろん、純理論的にみれば、無鉄砲な大胆さを伴う自己の行動計画をワーシャは明確なものに練り上げることができた、とは言えよう。数年後にゾルゲが示した、あの大胆さのことであるが……。だが、この二人は教育、教養、性格、気質の点でまったく異なっている。のみならず、ゾルゲは主として外国人の間で生活し、外国人と交際していた。この外国人というのは、誰でも自己特有の奇妙な癖がその行動や考え方に現れうるものだ、ということに多少とも慣れっこになっていた人たちだった。

一方、ワーシャのほうは、当時の日本の環境の中にまったく埋没していた。見たところは穏やかで均質的だが、緊張したエネルギーに満ち、極度に軍国化した日本の中に、である。たぶん、この環境はこの奇妙な外国人に対して長きにわたって愛想のよい信頼を寄せていた、ということではなかったろう。つまり、ワーシャの逮捕が避けがたくかつ速やかになされたとしても、不思議ではなかったろう。だが、ワーシャは残された文書のなかでは「自殺行為をする者」には見えない。おそらく、彼みずからが、諜報機関の指導部に対して「南サハリンではなく、日本へと自分を派遣させるように」という提案をしたのではなかったろう。神戸を去り東京へ移る、というのも自らの発案ではなかったろう。その東京行きも、警戒怠らぬ日本軍人のおかげで日本の防諜機関に急速に目を付けられうるような場所に住みつく、ということを目的としていたのか。いったい何のために、そんなにも異常な場所に神戸から引っ越したのか。この問いに対する答えを見つけたのは、二〇一三年一月のことだった。

## 3　墓場の端っこでのロマン

### ■南青山（青山南町）

その少し前のこと、東京正教神学校のロシア人卒業生の伝記に関するわが研究は、埼玉大学教授の沢田和彦の興味を惹くところとなった。沢田がモスクワの在外ロシア人会館で報告した際、彼は僕にこう言った。日本の外務省外交史料館が保管する秘密警察の勤務員、すなわち特高の報告書のことだが、その対象となった亡命ロシア人全員の名簿を作成した、と。そうした報告書は一万三千件以上保存されているそうだが、もちろん、その中から必要な報告書を見出そうとするなら、何カ月もの作業を要するだろう。が、幸いなことに、まもなく、沢田教授から、まさに僕が関心を抱くところの人名の一覧リストを拝受したのである。それは、東京のロシア史研究会の集まりで僕が報告した直後のことであった。その一覧表にはワーシャの名前もあった。そこには文書保管番号も記されていたので、外交史料館の中でめざす文書を見つけることは、さほど困難ではなかった。

はるかに厄介だったのは、文書を解読することだった。警察官による手書きの旧字体（四七年に日本では文字改革が行なわれた）はそのほとんどが僕の理解を超えていた。何の困難も感じないで読むことのできた数少ない個所の一つは、以下のような住所だった。

「赤坂区、青山南町三―六〇」

この最後の「〇」の文字を僕はゼロとは読まなかった。日本語特有の句点の「マル」とみなしたのだ。これは、わがロシア語の句点の「黒点」と小さなゼロとの中間的な形態を示していた。

待ちに待った秘密の扉が開かれた嬉しさのままに、僕は古本屋街の神保町に駆けつけた。大正時代の地図を買うために、である。地図を購入すると、それを手にして南青山に向かった。

僕が上記のように誤っていたことはのちに判明する。が、当時は、その理解に導かれるままに青山通りと表参道との交差点にたたずんだのである。そこは、僕が報告を行なったばかりの青山学院大学の近くだった。こちらの見込みではその辺りにワーシャの住んだ家があるはずだった。おおよそその住所と思われる場所は見つかった。

が、その後、モスクワに戻ってからすぐに、本章の冒頭で記したようにロシア語教師の今村悦子が東京からのメールで間違いを指摘してきた。外交史料館所蔵の報告書のロシア語訳を引き受けてくれた人である。句点ではなく、ゼロが正解だという。僕が探し当てた場所は大正時代に発行されたその東京地図上の正しい場所からは、かなりずれ込んでいる、とも指摘してきた。彼女に指摘されるまでは、当時、モスクワに戻った時点では、僕は誤って地図を見ていたわけであった。

それから二カ月後、ようやく、この探索を続行することができたが、今度は、あらかじめ或る便覧を入手していた。この一五〇年間の東京の住所変更を追跡できる、そうした便覧である。というのは、東都は常に建設し直されてきたので、地図の方もひっきりなしに改編されてきたからだ。この過程が特に決定的だったのは、東京オリンピックのあった六四年よりも以前の時代のように見える。

## ■東京の変貌

その時代、東京は数えきれないほどの火災に苦しめられたが、そこには、地震で発生した火事も含まれる。中でも最も恐ろしい火事は二三（大正一二）年九月一日午後に起きた。震源地は東京の南西九〇キロメートルで相模湾にあった。最も強い揺れが起きたのは横浜、鎌倉など神奈川の諸市で、一二メートルの津波に襲われた。

新興の、西洋式に建てられた横浜は、最初の震動で煉瓦製とコンクリート製の建物の五分の一が破壊された。その廃墟の断片は今もこの都市の海岸通りで見つけることが可能だ。激震のため外人墓地では多くの墓石が粉々に砕け散った。ロシア人乗組士官の墓に建つごく初期の記念碑は永久に失われた。この地震の時から半世紀ほど前の一八五九年に、狂信的なサムライたちに切り殺された二名のロシア人のことであるが……。紙製の壁を有する木造の日本様式の建物は、はるかに運が悪かった。地震の震動の直後に地獄の炎に包まれたのだ。倉庫から流れ落ちた石油製品が原因で、港の海でさえ燃えた。その炎は六〇メートルの高さにまで舞い上がった。

東京はもっと酷かった。街の規模がずっと大きかったので、さらに燃え拡がったのだ。強風が炎を巻きあげた、まるで森が激しく燃え上がるように。煙の籠もり具合は密度が高かった。そのために、首都の或る広場（本所被服廠）では約四万人が窒息死した。都市の半分が焼けた。正教会の東京復活大聖堂（ニコライ堂）もその中に含まれる。が、このことは後述しよう。東京の住民の一〇万人以上が犠牲となった。住居は焼け跡と化した。

だから、この都市の地図を買う際には、売り手の人は必ずこう確かめてきたものだ。「お探しのものは、関東大震災以前の地図ですか、それとも以後の地図ですか」と。二三年以後、それほど東京のトポグラフィ（地誌）は変貌してしまった、ということである。

しかし、まだ言い尽くしたわけではない。東京は、第二次大戦期に最も激しくアメリカ軍の空襲に曝されたからである。一度の、しかし最も恐ろしい四五年三月一〇日の爆撃では約一二万人の死傷者が出た。その際の火事の温度は、衣服がおのずから燃え出すほどだった。その日だけでこの都市の建物の四〇パーセント以上が炎の中で失われた（二三万戸焼失）。もしもこの三月一〇日の空爆に対してさらに別の日々の空爆を追加するならば、ソビエト諜報員ミハイル・イワノフの次の言葉を信ずることができるだろう。イワノフは四五年に東京にしばらく滞在した経験を持つが、僕にこう言ったのである。この時の日本の首都の有様と比べるならば四三年のスターリングラードなどは「ちょっと損害を受けた都市」のように見えたものだ、と。

だが、この戦争の最後の年もまた、東京の大改造にとって最後の機会ではなかった。六四(昭和三九)年が待っていた。東京オリンピックの年である。あまり知られていないことだが、東京が著しく「今日の東京」のように見えだすのは、すでに、次のような時期のことだった。わが国(ソ連邦)の指導者が、まだ頬ひげを生やし窮屈な背広をまとい、コルホーズ農民がトウモロコシの植え付けをするようにと仕向けていた、そういう人物(フルシチョフ)だった時期のことである。日本人は筋の通らぬ農業実験は、国家的規模では、一度もやったことがない。戦後最初の巨大な国際的出来事である東京オリンピックはたいへん真剣に準備された。それを境として東京は急激に変貌した。その結果、タルコフスキー監督が七二年に来日して、映画『惑星ソラリス』の未来都市として東京を撮影したのである。果てしない多層的な立体交差路、トンネルをくぐるかと思えばどこか上方へと這い上がっていく高速道路、これらは当時すでに日本の首都に存在していたものだ。が、それらの建設のためには、もう一度新たに都市の見取り図のすべてを抜本的に作り直さなければならなかった。そして、そこには住居表示制度の変更も含まれていた。

したがって、今日、どこかの古い、戦前の、ましてや東京が焼ける以前の住所——すなわち二三年の関東大震災以前に存在した家の住所を見つけ出すためには、まず特別な文献を入手しなければならない。幸いなことに、そうした文献を見つけるのは首都の書店ではごく簡単なことだ。若干の書店では特別な棚が設けられていて、そこには「タイム・トラベル」(時空超越旅行)様式の文献も存在するからである。

## ■青山墓地の辺境で

こうした特別の便覧で武装してから、僕は再び、今日「南青山二丁目」として知られる町へと出かけた。ワーシャ一家が住居を借りていた家を見つけるために、である。幾つかの地図を比較してみて確信したことがある――めざす「旧・青山南町三丁目六〇番地」は、すでに当時の東京の中心地では最大の墓場だった青山墓地（共葬）の辺境に位置する、ということだ。

もしかしたら、そこには、我々が文書で知らされた、「シュミット公爵のドイツ風のペンション」があったのかもしれない。そして、このペンションは、ワーシャがもっと後年に借りた住居だったのかもしれない。

いずれにせよ、生活の場をこうしたところに選択した、ということは、第一に、たいへん異常であるし、第二に、当初の行動計画とはまったくそぐわないものだった。ワーシャ夫妻が麻布歩兵第三聯隊のすぐそばで生活していた、とする主張からみても、そう言えよう。どうしてそうなったのか。解明を試みてみよう。

「おカネのない諜報活動なんて井戸端会議みたいなものだ」。

――そうルカショフは、わが国の諜報機関員なにがしの機知に富んだ評言を引用している。が、まさにそんな貧乏な「サークル」によって、我が国の最良のスペシャリストたちは秘密の戦争に従事してきたのである。ゾルゲ指揮下の「ラムゼイ」グループは長年にわたって、無線技師クラウゼンが創設し指導した会社のおカネで存在していた。ワーシャもまた、三〇〇円の月給を約束されていたにもかかわらず（これは当時としてはわるい金額ではないが）、自分自身で稼ぎ出さなければならなかった——約束された財政的援助は、結局のところ、絵に描いた餅だったのか。

自分の働いている会社で得られたおカネで生活しています。イチグチ（味方に引き入れた日本人協力者の匿名——引用者註）に対して九月から私はまったく支払っていない。彼は、我々の個人的関係のおかげで、私にカネの催促さえもしてこない。仕事は続けているけれども……。

我らが在日諜報機関指導者（ワーシャ）は諜報機関本部にそう報告している。今日でも日本で住居を借りるのは高くつくが、これは昔から常に高かった。とくに外国人にとってはそうであった。東京、なかんずくその中心地では、高くついた。我々が関心を抱くところの青山地区も然りである。より安く、しかも良い地区に住居を見つけるための数少ない方法の一つは、墓地の隣りに住居を探すことである。まさしくワーシャもそうしたのだ。その結果として得られた住居に、彼は満足したろうか。答えは明らかに「ニィエット（否）」だ。ワーシャがそんな場所に住むに至ったのは、ウラジオストクの本部が課した条件がもたらした生活の窮乏のためであった。

私の場合、不都合な住居の状態が、最終的に、私を窮地に立たせたのです。

彼がそう本部へ連絡すると、本部からは質問のかたちで次の返事が来た。

「第二の部屋はあるのかね？」

そう、現在の我々は知っているが、このソビエト諜報員は巨大な墓地の縁に二部屋からなる住居を借りていたのである。しかし、それならば、この状態がどうして「不都合」だったのか。

## ■二人の日本人男爵

ワーシャの報告書によれば、この時期の彼の住居の常連客には、独特な軍人上流社会の代表者があった。騎兵隊中尉の西竹一男爵（一九〇二～四五年）と、砲兵隊中尉の伊達宗光男爵（一九〇二～八七年）とである。

**西竹一男爵**
ソビエト諜報機関への「無意識の情報提供者」。妻と共に

前者は枢密顧問官の庶子で、皇族の代表者が学ぶ宮廷学校の学習院の卒業生だった。輝かしい騎兵の英雄であり、まもなく日本の国民的英雄になる。三二年のロサンゼルス・オリンピックの馬術競技の障害飛越の種目で勝利したのである。西竹一の金メダルのあと、日本人は誰一人としてこの部門で同じ達成を繰り返せずにいる。四五年、西中佐はアメリカ軍との戦闘で英雄的な死

を遂げた。このことは映画「硫黄島からの手紙」の筋書きの一つとなった。国際的な物議をかもすほどに有名な靖国神社には、そこに付属するかたちで「遊就館」という武勲の博物館があるが、そこでは、二つの展示台がまるまる西竹一に捧げられている。スポーツと軍事の記念物を見ることができ、故人を偲ばせている（ちなみに、可能ならばこの博物館をぜひ訪問するようにとわが読者には強くお勧めしたい）。

**伊達宗光男爵**

オシェプコフの妻マリヤの取り巻き連の一人

伊達男爵の方は、西ほど有名ではなかった。が、西よりも由緒があり、富裕な一門の出身で、英国で学んでいた。どうやら、この人物は、ソ連の諜報員（ワーシャ）にとっては、将来性のある工作の標的だったらしい。そのために自分の伴侶を利用したほどに、である。ルカショフの証明によれば、伊達は、マリヤ・オシェプコワ（ワーシャの妻）に一定の好意を抱いていた。一方、ワーシャの方は、これはいかに皮肉に響こうとも、そのこと（伊達と妻との関係）が自己の利益になることを期待していたのである。男爵たちはマリヤを迎えに自家用車でやってきた。深紅の薔薇の花束を彼女に贈呈したり、共に東京中をその車で走り回ったりした。諜報員（夫のワーシャ）は若い軍人貴族の好意に対して何らかのお返しをせざるを得なかった。

が、ワーシャが仮に自分の家に彼らを招待せず、彼らがワーシャの家がそんな所にあることを知らなかったとしても――日本には自宅に招く習慣がないから――こうした場所（墓地の端っこ）に住居を構えていること自体は、おそらくワーシャ夫妻に何の重みも肯定的評価も付け加えなかったことだろう。が、同じ西男爵がワーシャ夫妻を自宅に招待することはあったろう。なぜなら、西男爵の大邸宅は、今では「六本木ヒルズ」のそばの「テレビ朝日」の本部ビルがある敷地を占めていたから。つまり、麻布歩兵第三聯隊のすぐ近くにあった、というわけだ。ワーシャと西竹一とが事実上の隣人同士であったにもかかわらず、そして、ワーシャ夫妻の住む家が権威ある地区にあり、格式ある幅広の青山通りの市電停留所「青山四」（現在そこには地下鉄銀座線の外苑前駅がある）から歩いて五分の場所にあったにもかかわらず、墓地が……墓地がすべてをぶち壊しにしたのだ。（ロシア人は一般に墓地の隣に住むことを好まない。土地が広いせいか、墓地に接して人家は建たない。）

## ■麻布の西竹一邸と写真館

どうして当初の行動計画が吹っ飛んでしまったのかは正確にはわからない。第一歩兵師団の部隊のすぐそばに住む、という試みが全体としてぽしゃってしまった、ということだ――これは、いろいろと事情が重なったためだろうか、あるいは、ソビエト諜報員（ワーシャ）自身の意志によるものか。いずれにせよ、ワーシャは計画とは異なる住居を選択したのである。つまり「居ながらにしてターゲットを眺める」式の住居を準備することは、すべて諦めたのだ。

これは歩いて確かめたことだが、ワーシャ夫妻の住居があった場所から二つの聯隊のあった敷地の端までは、歩いてほぼ一〇～一五分の距離である――ただし、青山墓地（現「青山霊園」）を真っ直ぐ突っ切って行けば、の話ではあるが。さらに、西竹一の邸宅までは歩いて五分くらい。だが、帝国陸軍の軍人の動きを観察するために始終、西邸に通ったとしたら、それは日本在住の外国人にとっては非常に奇妙な「趣味」だったと言えよう。なかんずく、ワーシャは遠くから見ても目立つ外国人であり、どこからみても日本警察の監視下にあった外国人であったからして、尚更のことでもあろう（もっとも、その監視というのは効力のないものだったかもしれない。この点は後述する）。

が、諜報員（ワーシャ）は西邸へは真っ直ぐには行かなかった、つまり市中を複雑にジグザグに歩きながら尾行をまいていた、と想像するのが論理的だろう。日本人はあまり鋭いとは言えない分析家だが、しかし、もしも、秘密警察の特高や、軍事警察の憲兵隊から嫌疑を受けている人物が（ワーシャもその一人）、市中を移動する際に、ことごとく複雑な歩行の行程を繰り返し、しかも軍の部隊の駐屯地のそばに必ず出現するとしたら、どうだろうか。当然、特高や憲兵隊の大いに注目するところとなっただろう。

ワーシャはこの地区をたびたび訪問したであろう。としたら、そこにはしごく重大な根拠があったはずである。こうした「歩行のツーリズム（観光客的な散策行為）」には少なからぬ時間を費やしたことでもあろうから。ルカショフが書いていることだが、ワーシャは、すでにたびたび言及したこの写真館に対して、広告用写真の準備のために大きな注文を出していた。何らかのポスター、ビラ、映画フィルムを購入し、公衆に見せようとしていたのかもしれない。そうであるならば、こうした動機は公的にはかなり納得できるものとして認められるだろう。この場合には、尾行をまこうというはかない望みを抱いて東京市中を曲がりくねりつつ歩む必要もなかったわけだ。

だが、「修道士」（ワーシャ）はせめて週に一度にせよ、この写真館に通うことがなかったろうか。写真館の主人から軍の移動に関する鮮度の高い情報を入手するために、であるが……。理論的には「ダー（イエス）」だ。時としてはそうしていただろう。いや、おそらくはかなり訪問していただろう。この諜報員の最も有名な写真をみればわかることだ。その写真では、めかしこんだ若者が右のこめかみにかかるようにいつもの中折れ帽子をかぶり、手にはステッキを握っている。これは、きっとその麻布の写真館で撮影されたものだろう（本章の扉の写真を参照）。

## ■柔道の効用

もしかしたら、ワーシャは柔道の道場にも通っていたかもしれない。二〇年代のその住所は今のところ不明だが、戦前は麻布区狸穴町の丘の近くにあった――その隣の麻布区永坂町には、ワーシャの後継者ゾルゲが住んでいた。この道場への道も聯隊のそばを通っていた。

しかし、写真館への訪問の可能性があったとしたところで、そのこと自体は、結果からいえば、当初に確定されていた行動計画へと、この諜報員（ワーシャ）を引き戻すことにはならなかった。時たま、あまり頻繁ではなく、そこに姿を見せることと、毎日そこに居座っていることと、この二つの在り様はまるで異なる。ワーシャにはこのことがわかっていた。すなわち、写真館は彼の活動において大して重要な役割は果たさなかったのだ。写真館の主人との友情は決定的なものではなかったのである。

まさに聯隊のそばに住むことは不可能であったという状況にあった。だから、軍人らのスポーツクラブに登録して、当地の軍人貴族たちをその見事な日本語で感嘆させる機会を持つことが必要となった。そのためには、ワーシャとしては、自身の諜報活動のすべてを改造しなければならなかった。

すでに二〇（大正九）年のことだが、ウラジオストクのカラベリナヤ海岸通り二一番地のスポーツクラブで、ワーシャは日本派遣軍の分艦隊司令官の加藤寛治少将と知り合いになった。加藤は自ら彼の柔道の形を評定し、将校たちとの乱取りを監督した。そして我らが諜報員のことを「見事なワシーリー」と名付け、旗艦へと招待する。だから、ワーシャとしては、軍の高官たちとごく緊密な付き合いに入るという経験は、以前もあった、ということになる。

## ■ワーシャの諜報戦術

さて、東京で特に必要だったのは、若くて、さほど用心深くもなく、だがすでに多くの知識を有する男爵＝中尉たちであった。彼らと、彼らに似た者たちのことを、ワーシャは「無意識的な協力者」と呼んでいた。

「長く生活すればするほど知人の輪も広がってくるものです。『番頭』（事務員とかサラリーマンのこと――引用者註）のことではありません。貴族身分の人たちとの付き合いのことです。彼らは非常に知的な人たちです」。

富裕な高級将校とか、学習院と陸軍士官学校を卒業した「無意識的な協力者」とか、興味ある情報の入手という目的のために妻が日本の将校とじゃれつくのを許容する必要性とか――こうしたすべては、これまでのワーシャにまつわるイメージからみると、じつはまったく異なる諜報戦術なのである。

つまり、今日まで公式に在東京ソビエト軍事諜報機関の最初の非合法諜報員（ワーシャ）が実行したとされていることと比較した場合の話であるが……。が、これは以前、僕がこの物語を日本人ジャーナリストに語った際のことだが、その彼はすぐにこう断言したものである。

「意味をはき違えているよ。逆に、男爵たちの方こそ、ワーシャを自分たちの目的のために利用したのではないかな」。

私見ではこれははなはだ疑わしい断定だと思われるが、いずれにせよ、結局のところ次のように言えるだろう――ワーシャは、今は六本木と称する町にあった小さな家の窓辺に座って、日本軍の動きを観察していた、というようなそんな「統計家」では全然なかった、ということである。また、彼は、検問所を出入りする兵隊の数をちびた鉛筆で紙ナプキンに記録することもなかった。

ワーシャこそは真の諜報員であり、重大な任務と企図を担う駐在スパイの責任者であった。彼は分析的思考に長じており、そのことが諜報活動の計画の実現に可能性を与えていた。このことへの理解のためには、二六年発行の東京地図が役に立つ。参謀本部情報総局（GRU）の文書館に出入りできた伝記作者の一人は、「修道士」（ワーシャ）作成の東京からの報告書名の一覧表を引用している。いわく――

「日本の満洲政策の件」、「日本航空隊関連資料集」、「日本軍の満洲での機動演習の件」、「日本軍の師団長会議の件」、「日本軍による毒ガス利用とその使用規則の件」。

当然のことだが、こうした情報の入手に必要だったのは、活動の幅広い前線と、興味ある情報提供者と、ほとんど無制限の経済力、つまり写真館の主人との付き合いに要するふんだんな財政力と、である。

現在の青山墓地（現「青山霊園」）は子供広場や野球場、青山小学校と隣接し、隣には三河稲荷という神社があって、この一帯こそ（上述の日本側資料によれば）二五〜二六年にワーシャ夫妻が住んでいたわけだが——今日、その墓地の端に立つと、おのずと次の問いが生じる。我らが諜報員が実際に自分の足で歩んだ道は、ここからどこへ伸びていたのか、と。このことを知るには、地図上の幾つかの地点に注意を向ける必要がある。我々に知られているワーシャの報告書の中では一度も言及されたことのない場所であるが……。だが、報告書が触れていないとはいえ、その地点にワーシャは出向いていた、ということに筆者は何の疑問も持っていない。では、それがどこを指すのかといえば、駿河台上の正教宣教団と東京復活大聖堂（ニコライ堂）と、そして講道館という名の柔道学校とである。話題をこちらに転じよう。「オシェプコフ（ワーシャ）は乗り物で講道館へ通いたかったが、資金が乏しくそれは許されなかった」という一節がルカショフの本にあるが、まずは、この点から話を始めよう。

## 4 講道館

### ■永昌寺

「道を究めるための館」——とは講道館という名称の意味である。その創設は一八八二年のこと、柔道創始者の嘉納治五郎による。そもそもの始めから今日に至るまで、それは日本の格闘技である柔術の一つの流派に属す。伝統的な柔道のことだ。「伝統的な柔道」とは、今日風に言う「スポーツ柔道」とは区別・分離される。

この流派の入っていた建物自体は、それ以前には（道場とも）何とも呼ばれていなかった。最初は、東京の永昌寺の境内に陣取っていた。この寺は、いわゆる下町にあった。上野という大きな鉄道駅から歩いて五分のところである。地下鉄銀座線の稲荷町駅からすぐそばだ。言うまでもなく、当時はいかなる地下鉄もなかった。ちょうどこの銀座線が上野から浅草を結ぶ日本最古の地下鉄なのだが、その開通はようやく二七年のことである。稲荷町駅も銀座線の一駅で、当時、その付近は小さな仏教寺院が数多く軒を連ねていた。そうした寺々は上野の寛永寺と浅草の浅草寺の間に拡がっていた。事実上、永昌寺は講道館という一流派に地所の一つを提供していた。それは、畳一二枚からなる空っぽの広間だった。ほぼ二〇平方メートルの面積しかなかった。

**講道館の下富坂道場**
20世紀はじめの外観。現在、近くに講道館本部がある

　僕が東京に住んでいた時、借りていた住居の総面積はちょうど柔道のこの最初の練習場とまったく同じだった。だから、そうした場所で二人以上の人間がどうやって稽古していたのかは、想像し難い。だが、実際に、やっていたのだ。すなわち、講道館は永昌寺から始まったのである。

　その後、この柔術の一流派は、まもなく呼ばれだした名称を用いるならば、この「道場」は、たびたび引っ越した。一一（明治四四）年、それは東京正教神学校の二人の生徒ポピレフとワーシャとが講道館に入門した年だが、当時、講道館はまったく別の地区にあった。永昌寺にはワーシャは行ったろうか。彼が柔道創始者の嘉納治五郎本人から習っていることを考慮するならば、柔道の発祥地の永昌寺を若き格闘家たちが表敬訪問したことは間違いないだろう。嘉納は才能豊かな、特に体系的な教育者だったので、伝統の保存には大きな注意を向けたのである。

だが、ワーシャは後年の二〇年代中ごろに妻と東京に住んでいた時分には、おそらく永昌寺は訪れなかったろう。だが、かつて自分が正教神学校で勉強していた時期（日露戦争直後の〇〇年代後半）に講道館があった地区には、立ち寄ったのではなかろうか。すなわち、「小石川区坂下町大塚一一四番地」のことである。この場所は探す価値がある。

**講道館のあった場所、大塚坂下町**
開運坂道場と嘉納治五郎の本宅があった

### ■大塚坂下町（開運坂道場）

講道館のあった大塚のその場所をほぼ特定したのは、拓殖大学で教鞭を執るロシア人学者のモロジャコフであった。ちなみに、この大学は地下鉄茗荷谷駅の近くに植民地様式の校舎を列ねている。モロジャコフと僕は、二月の朝、探索へと乗り出した。が、思ったよりも難航することとなった。ある瞬間、我々はもはや大した奇蹟を期待もせずに、当該地の警察の哨所、すなわち「交番」に立ち寄った。そこの中年のお巡りさんは、こちらの質問に対して確かな返答はできなかった。そこで、我々は、好運へのむなしい期待を抱きつつ、交番を出て再び路上を動き出した。すると、そのお巡りさんが追っかけてきて、交番に戻ってくれというのだ。交番では今度は、老けた感じの警官が待っていた。その印象は、東京の警察官の定年についての質問が思わず口に出かかるほどだった。が、慎重になった我々は、そうした失礼な質問はしなかった。ましてや、目をつむり口を開けたまま、そのベテランのお巡りさんが、突如として肝心なことを話して聞かせてくれたのだから、尚更というものだ。

「ずいぶん昔のことですが、私がまだほんの子供の頃」、交番の向かい側の丘の上に大きな道場、すなわち武芸を修練するためのホールがあった、というのだ。

その警官は、それがどんな道場で、何と呼ばれていたか、誰がそこで教えていたのかは知らなかった。だが、そうしたことなら、我々の方がすでに確かに知っていた。そこで、モロジャコフと僕は問題の丘の斜面をほとんど駆け足で登って行った。

そこは大塚の五丁目と六丁目の境界に当たっていた。目に入ったのは大きな空間で、銀行の寮の建物があった――講道館のような大きなスポーツ競技場を建設するには申し分ない広さに思われた。そして、我々はまたまた運が良かった。すぐそばの横丁を曲がった際に、モロジャコフが、まだ住居表示変更以前の旧住所が銘記された表示板を見つけたのだ。

それは（小石川区、現豊島区）「大塚坂下町」という表示であった。講道館はここにあったのだ！まさにここ（「開運坂道場」）で、若き日のワーシャは、駿河台の正教神学校から通って、柔道の稽古に励

**講道館の段位授与式**
オシェプコフ在日時代（おそらくは下富坂道場）

んでいたのだ。一九一一年、ここでワーシャは「道場」への入門試験を受けた。そして、二年間、この畳の上で血と汗を流したのだ。わずか数年前にはロシア人と戦火を交えたばかりの当の相手との厳しい稽古に必死に耐えながら、その修業をやり通したのだ。

その結果、ロシア人としては初めて段位を取得したのである。一三年の六月に初段を得たのだ。その後、すでにロシア皇帝政府の防諜機関員となっていたワーシャは、再び講道館にやってくる。一七年一〇月のことだ。祖国ではすべてが崩壊していた。この時、ワーシャはロシア人としては初めて、柔道二段を取得した。

この一七年の撮影かと思えるような写真が残されている。そこには古い道場が写されている。それは「段」昇格の儀礼の際に撮ったものだ。つまり、より高位の等級を取得するための試験が実施され、ちょうどこの時にワーシャは試験に合格し

オシェプコフと忠犬ハチ公の時代の渋谷駅

たのである。

残念ながら、その古い写真では、被写体の人々の顔の判別がつかない。だが、この写真を撮影した際に、大塚坂下町にあったその道場内にワーシャもいたに違いない。この場所は、柔道のみならず日本の格闘技のどんな種目に従事しているロシア人にとっても、神聖な場所だと言えよう。というのは、まさにここ、この丘上の道場こそワーシャの柔道の段位取得によってロシア格闘技の歴史の発祥の地となったのだから。

## ■忠犬ハチ公

だが、もしも二五年にワーシャ自身が講道館に乗り物で通ったとしたら、一番便利なのは電車を利用することだったろう（まず間違いなく、当時も講道館は大塚の丘の上に存在していただろうし、ワーシャもまたそこにたたずんだことだろう、彼の運命にとってかくも重要な場所を眺めつつ）――電車で行くとしたら、青山通りの「青山四」駅で市電に乗って渋谷駅まで行かなければならなかった。山手線の駅では彼の家から最も近い所にあったからだ。渋谷駅までは彼の家からは徒歩でほぼ二〇分はかかったろう。

そこ、渋谷駅でワーシャは改札口の真ん前で、感じのいい秋田犬の子犬に出くわしたに違いない。ご主人の東京帝国大学教授を毎日そこで待っていた子犬である。ふだんは教授は午後三時ごろに大学の職場を引けていた。二五年五月に教授は世を去ったが、この雄犬はなんと三五年まで毎日、駅で主人を待っていた。我らが諜報員はおそらく、ハチ公という名のこの子犬のそばを何度となく歩み過ぎたことだろう。この犬は、その後、いろいろな国の監督の映画に登場することになる。ハチ公の記念碑はすでにその生前に当の犬の面前で建立された。この忠犬の遺灰は青山墓地で人間扱いの埋葬を受けた。既述のように、ワーシャ夫妻の住居はこの墓地のすぐそばにあった（ハチ公が渋谷駅の西側ばかりでなく東側にもかなり出没していたことがつい最近明らかとなった。『東京新聞』二〇一六年四月二三日付夕刊参照）。

## ■春日町（旧富坂町）

それより一五年ほど前のこと、それはワーシャが正教神学校に学び、柔道の道場に通い、ハチ公がまだ生まれていない頃のこと、その時分（〇七年九月〜一三年六月）には、若き正教神学校生徒ワーシャは、自分が住んで学んでいたロシア正教宣教団の場所（駿河台）から、（大塚の）講道館まで徒歩であくせくと通っていたはずである。かなり遠い距離だ。というのは、地下鉄を利用してもほぼ三〇分はかかるから。歩けば少なくとも一時間は要する。

が、もっと興味深いことに、二五（大正一四）年に話を戻すとなると、ワーシャが講道館へ行ってい

たということは、ほぼ不可避的に、別の道場（下富坂道場）にもやってきたに違いない。当時それがあった場所の近くには、今日では、講道館本部の八階建の多機能型の複合ビルが建っていて、その中に「道場」が収まっている。そこは娯楽場の一画で、野球などのスタジアムの「東京ドーム」のある地域の端っこに当たる。住所は（旧小石川区）「文京区春日町一—一六—三〇」。この複合ビルは水道橋駅の近くにあって、訪問するに値する。その近くのビルの中に柔道資料館（講道館「図書資料部兼編集部」）があり、この格闘技の創始者たちに関する記念物が集められている。その多くがワーシャの教師だった人たち、乱取りの相手だった人たちに関わるものだ。本部ビルの一階のへこんだ部分の、路上に出たあたりには、講道館の創始者で、未来のソビエト諜報員の柔道の教師であった嘉納治五郎の像が建っている。二五年には、この指導者はまだ教えていた。だから、最良のロシア人の弟子との再会がまさにこの春日町の場所でなされたことは否定できない——ワー

シャが二段を取得するための試験を受けた時から、もう七年が経過していたけれども……。ところで、ワーシャが二〇年代の東京で秘密の任務に就いていたこと自体は、講道館にとっては、とくに何か「変わったこと」でもなかったのである。

## 5 万世橋駅前の記念碑

### ■広瀬武夫と柔道

〇四（明治三七）年三月、旅順港湾からロシアの軍船が出てくるルートを遮断する作戦の際に、海軍中佐の広瀬武夫は落命した。故人の人となりは、はなはだ複雑なところがあったが、日本人の記憶には英雄として残った。「軍神」、すなわち軍人の仰ぐべき神として聖人化されたのだ。広瀬を記念する神社が、郷里の九州の竹田市に建てられた。東京では、記念像が建立された。

今日のロシアでは、政治的な礼儀を遵守するためと、能天気な歴史的無知とが原因となって、住民の圧倒的多数にとっては、広瀬中佐はわが国の親しき友だというイメージが定着している。たとえば、広瀬はロシアに住み、ロシア語を勉強していたとか、ペテルブルグを絶賛していたとか、ロシア娘のアリアドナ、つまりコワレフスキー提督の娘を恋していたとか、と言われてきた。だから、広瀬はどうしてロシアびいきでないわけがあろうか、というわけだ。

ある有名な日本人作家は広瀬の生涯を文芸作品に仕立てたし、日露のジャーナリストは多くの論文をものした。そのどれもが、うるわしくも英雄的、かつ感傷的な内容のものであった。日本では、これはそんなに昔のことでないが、広瀬の身に起きた出来事について、テレビの連続ドラマが撮られさえもした。そしてその撮影の時代考証の専門家として、ロシア側からの参加があった。が、そのロシア人が語ったのは、広瀬中佐のロシアへの法外な愛の物語であった。そんな話に耳を傾けていると、人生にとって肝心なことは、自分の語っていることが実は「わかっていない」ことにではなく、ただただ「信じている」ことに存する、と、へんに納得させられるのである。実際に、日本のそのテレビドラマは、小説や多くの論文と同様に、ソビエトのテレビドラマ『春の十七の瞬間』と似たところがあった。対象への態度が同様なのである。つまり、うるわしき生涯、ということだ。ただし、何もかも現実離れしていたのだけれども……。

広瀬中佐は、海軍諜報機関員だった。と同時に、ロマノフ王朝の帝政下のペテルブルグでは、日本人駐在武官の代表でもあった。広瀬の「恋人」の父親は陸軍大尉で、軍の地図作成部の将校だった。この部署は日本の諜報機関の関心をとくに惹くところだった（ここでワーシャの妻マリヤのこと、彼女と二人の日本人男爵＝中尉との友情について、思い起こさずにはいられない）。が、いかなるコワレフスキー提督も自然界には存在しなかった。その娘も然り、である。日本の諜報機関の関心そのものは存在した。が、ロシア側には防諜活動が欠如していた。さらに、柔道があった。日本のテレビドラマにはこんな挿話が出てくる。

それは、広瀬がロシアの皇帝ニコライ二世に日本の格闘技を教えている場面である（このテレビドラマのロシア側の時代考証の専門家の女性の説明によれば、この皇帝は「大のスポーツ愛好者」だった。彼女はまた、テレビドラマの資料に関する「学術的」な論文の筆者であった）。もちろん、ここには現実の出来事に似たものは全くない。日本の諜報員の広瀬武夫が柔道を学んでいたこと、そこには講道館も含まれることだけは本当の話だが……。当時、この格闘技は最新で進歩的かつ戦闘的なものだった。ウラジオストクの柔道学校を思い浮かべるだけでも、このことはわかる。柔道を身につけることは、人をスーパーマンの地位には押し上げないとしても、ともかく、健康のみならず出世にとっても大変有益なこととみなされた。それも諜報員の出世コースという点では、尚更のことであった。

広瀬海軍中佐は、旅順包囲戦の時、ロシアの艦船が港内から出てくるのをみずからの閉塞船によって遮断しようとして、殺された。弾丸によって頭が木端微塵となったのだ。広瀬の死が日本社会に興奮をもたらしたのはすでに見てきたとおりだ。すなわち、神格化、哀悼、記念碑。

講道館でも「変わったこと」が生じた。柔道創始者の嘉納治五郎が広瀬の死後に、名誉ある段位である「六段」を亡き広瀬に授けたのである（広瀬は生前に四段を授与されていた）。広瀬武夫の肖像画が今日、講道館柔道資料館に掛かっている。この英雄は講道館の最も尊敬すべき卒業生の一人に数えられているのだ。

このことを知ると、我々は次の事に思いを致さざるを得なくなる——ロシア人の未成年者のワーシャが学校で柔道を習っていた時期、日本側の対応はどんなだったのか、と。それは、日本の「軍神」広瀬武夫の死（〇四年三月）からまだ二年しか経っていない時期だった。のちに、どうしてワーシャはあんなにも夢中になって「反日」（諜報）活動をしたのか（その原因がこの時期にあったのか）、という問いである。

## ■旧万世橋駅前「記憶の広場」とその周辺

広瀬武夫海軍中佐の記念碑の銅像は一〇年に万世橋駅前に建立された（この顕彰碑は広瀬だけでなくその像の下方の台座部分に、共に戦死した杉野孫七海軍兵曹長の像も浮彫されていた）。この駅は当時の東京で最もにぎやかな駅の一つだった。ここは現在では、永遠に騒々しい秋葉原駅から数百メートルの位置にある。その近所には、正教宣教団と東京復活大聖堂（ニコライ堂）があり、駿河台の斜面には正教神学校があった。万世橋は、今では駅もなければ広瀬の記念碑もない。が、歴史的記憶を尊重する日本人たちが記念の広場を造成した。撤去された名所旧跡を偲んでのことだった。事実上、記念物に対する記念物、と言える空間が出来ている。こうした歴史に対する態度には尊敬の念を抱かざるを得ない。が、さらに重大なのは、たぶん、正教神学校生徒たちが、すぐそばの御茶ノ水駅（〇四年一二月開業）のほかに万世橋駅（一九一二年四月一日開業）を利用しただろう、ということである。この駅の真ん前にあった広瀬記念像を目にしたろうし、その脇を通ったでもあろう、ということだ。

のちにロシアの諜報員となる柔道家ワーシャが〇七年九月から一三年六月まで駿河台にいた間に、日本の諜報員であり柔道家のこの銅像（一〇年建立）を見て何を感じたのか。それは、想像するしかない。が、その代わり、この場所に立って周囲に目をやれば、多くの感情を味わうことができよう。万世橋駅はその営業中は旧東京駅とよく似ていたが、今日では、神田駅と新宿駅とを結ぶ鉄道の下に、赤レンガの桟道のほんの一部を残すのみである。

我らが英雄がその脇を通ったであろう建物もまだ、幾つかは保存されている。この地区にはかつて芸術の代表者たちが住み、芸術家の上流社会を形成していた。作家、画家、能や歌舞伎の役者などだ。

もしかしたら、そのおかげで、神田では、古き時代の東京の「精神」は感じないにしても、その「物件」は見ることがまだ可能なのかもしれない。それは、大正時代（一九一二〜二六年）の建築物のことである。その一つが、広瀬像のすぐ真向かいにあった。古い写真でよく見かけるものだ。僕が本書を執筆中、その建物は、昔は広瀬像があったその「記憶の広場」に面して建っていたが、本書を書き終えた時点では、もう撤去されていた。さらに、当時は、三つの建物が、ニコライ堂へと通じる道路沿いに、この広場からほぼ二〇〇メートルの範囲内に、存在していた。その一つには今はレストランが入っている。さらに一つ、（神田連雀町の）「神田藪蕎麦」があったが、本書執筆中に、ここも消滅した。筆者の眼前で焼失したのだ。残念至極に尽きる（その後再開した）。というのも、おそらくワーシャはそれを目にしたろうし、彼の友と敵の双方にとってなじみの店だったろうから。そしてその「藪蕎麦」を目にしたのは、ロシア正教宣教団へと足を運ぶ途中でのことだったろう。この行先こそは、非常に重要な場所なのである。そこで、我々もそちらに歩みを向けるとしよう。

## 6　東京復活大聖堂（「ニコライ堂」）

### ■一八九一年までの沿革

日本正教会創始者の掌院ニコライ（姓カサートキン）の東京到着は、一八七二年二月二八日のことだった。当時のこの国では、キリスト教は禁止されていた。外国人は、特別に割り当てられた地域以外で滞在することは、許されていなかった。東都では、外国人が住む場所は東京湾岸地区の築地にあった。

今日、その築地で、東京で最初の西欧人住民の痕跡を見出し得る場所はどこかといえば、それは聖人ルカ記念の病院、すなわち聖路加国際病院である（聖路加病院が「聖路加国際病院」と改称されたのは一九一七年のことだが、本書ではすべて後者を用いる）。現在、その建物は、湾岸に聳える巨大な高層ビルだ。それは二つの建物から成っていて、雲の下、どこか「鉛筆」の形を想わせる。ビルとビルの間を宙で結んでいる連絡通路も特徴的だ。

聖路加国際病院　旧棟

が、この建物の庭には創立者ルドルフ・トイスラーの小さな館が保存されていて、当時の病院の全貌を想像する可能性を与えている。まさしく、聖ニコライ・ヤポンスキーがその生涯の最後の日々を過ごしたのもこの場所なのである。この病院から正教宣教団に戻るとすぐに一九一二年二月一六日に他界したのだった。

三八（昭和一三）年のこと、オートバイ事故で治療を受けたゾルゲもまたここの世話になっている。

一八七三年、日本での外国宗教受容の状況は劇的に変化した。禁止措置が解かれたのだ。すぐさま、皇居の北方、市内で最も高い丘の上に、ロシア政府は、正教宣教団の建設用地を無期限の賃借で入手した。この場所の選択は、中国の陰陽術の「風水」の見地からすれば奇妙なものだった。中世の日

東京復活大聖堂　現在の外観

本で人気のあった「風水」によると、北方から悪の力がやって来るわけで、高地の駿河台があたかも皇居をその力から守護している、となる。丘の頂点に建てられた正教の聖堂の意義は、この場合、少なくとも二重に評価され得たのかもしれない。しかし、いずれにせよ、一八九一年に、東京復活大聖堂は日本の建設会社「清水」によって造られた。そして、その後の半世紀以上、その高さの点では絶対的な支配的権威を保ったのである。その建設にあたっては、ロシア人の設計家シチュルポフの設計図によったが、英国の建築家兼技師コンドルの指導もあった。その時代、東都の個人住宅の建設主任だった人である。

高さ三五メートルの聖堂に聳える黄金の十字架は、半径二〇キロメートル四方のどこからでも見えた。聖堂本体と鐘楼の上部とは銅板で蔽われていたが、この建造物の強度は、地震活動の活発な土地では構造的にみて全くそぐわないものであった。が、その銅板は、所々は厚さ二六〇センチにもなる、まるで城壁のような壁を守るべきものだった。見取り図を上から見ると、大聖堂は十字架の形態を有する。東西四四メートル半、南北三六メートルの十字架である。これを見て人々は驚嘆の声を挙げた。大主教ニコライ自身が子弟あてに誇りをもってこう書き綴っている。

大聖堂は記念すべきものとなるでしょう。研究の対象となり、模倣もされるでしょう。多くの年月にわたって、それも数十年間ではなく、あえて言えば数百年間、そうなることでしょう。というのは、日本の首都では最も際立った建物だからです。大聖堂は、すでに建設が終わる以前に、ヨーロッパとアメリカで名声が轟きました。建設が完了した今では、正当にも、東京在住の人、あるいは上京して来た人のすべてが注目し驚愕するところとなっています。

東京復活大聖堂は、非常に早い時期から、日本の民衆の間に、今も用いられているような名称を得た。「ニコライの家」を意味する「ニコライ堂」である。成聖式（一八九一年三月八日）の終了後すぐに、日本人は名所としての大聖堂を見物するために押し寄せてきた。大聖堂は終日開かれ、特任の「ガイド」が来訪者に説明をした。雑誌『正教時報』には訪問者の人数が公表されている。それによると、一八九一年の四月七日から五月三一日までにニコライ堂にやって来たのは三六四六人に上る。そのうち二二六名がすぐに入信を申し出た。

### ■東京正教男子神学校

東京復活大聖堂はロシア正教宣教団のすべてをその周りに集結させ、日本でのその本部となった。大聖堂の隣にはまだその落成以前に、宣教団用の二階建ての建物が二棟、建てられた。そこには、家庭教会とニコライ・ヤポンスキー自身の書斎とがあった。書斎の方は宣教団の建物の南側の二階にあって、半円型の張り出しがあった。その隣の建物には女子神学校が置かれ、未成年の日本人の娘たちが礼拝の準備をしていた。そこからちょっと離れた北西の角には、三階建ての図書館が建った。

さらに離れて、南西方面には、伝統的な日本様式の木造建築が建てられていた。男子神学校である。それは木と紙で出来た仕切り壁と、ゆるやかに傾く煉瓦屋根とを持っていた。

男子神学校は、大聖堂の完工よりももっと以前、一八七四年にはすでに開校されていた。日本人聖職者の養成が目的であった。ロシア人生徒の受け入れの歴史についてはすでに触れたので、話を大聖堂に戻そう。ここで、日本の正教に関する歴史家サブリナの的確な評言を紹介しておこう。

「二〇世紀のそもそもの始めから、復活大聖堂に災厄が襲い始めた。それは、或る種の恒常性をもっていた」。

すなわち、日露戦争、一二年二月一六日の大主教ニコライの死、ロシア革命——こうしたことすべてが、ニコライ堂の人気をも、その可能性をも、ひどく損ねたのである。ロシアからの財政援助が打ち切られ、一八年には神学校を閉鎖せざるを得なくなった。男子神学校の建物には、日本の病院が入った。その病院は今も同じ場所にある。

この丘の斜面の同じ場所の、神学校の入口付近で、かつてロシア人と日本人の生徒が写真を撮ったりした。同じく、そこに柔道の練習場があった。同じく、自分の思い描くところの将来の人生を見据えて準備していた者たちがあった。未来の通訳官、いや実際には諜報員となる人たちであった。彼らは自分の運命を想像することはなかったし、神学校は決して「スパイ学校」ではなかった。とはいえ、この学校はロシアと日本の特務機関員の人生行路と固く結ばれていたことが、わかっている。この学校の厳格さを彼らは決して忘れないだろう。というのは、卒業生たちの独特な証言を読むと、神学校時代の回想からはとくに心痛と「重圧」が感じられるからだ。そうした回想以上により良く物語ることは、僕の手には負えない。或る公式の諜報機関文書の中に、ワーシャの次のようなメモが保存されていた（ここで思い出したいのは、神学校の名称のことだ。イデオロギー的理由からいつもワーシャは「学校」とのみ呼んでいたのである）。

「私は日本の学校で教育を受けた。が、私はロシアの愛国者である。だが、この学校が私に教えてくれたことがある。それは、みずからの祖国〔ロシア〕とその国民を愛するということだ」。

さらに続けてこのメモではワーシャは日本人について述べている。が、その部分は、現在まで公表されていない。

ネズナイコ（一八九三〜一九六三年）は、僕の知る限り、神学校卒業生の中では唯一天寿を全うした人である。彼は、晩年に、子供と孫に宛てて「音声の手紙」を残している。日本学のベテランであり、「ソビエト諜報機関の秘密の連絡係」でもあったネズナイコの、その二分間の発言は力と熱っぽさに満ちている。その或るところで、ネズナイコは急にむせび泣く。

「あの頃、あそこでは、つらかった……。あえて言えば、すごく、つらかった。祖国と両親とから、引き離されていたし……。だが、私は……頑張って、あらゆる困難に耐え忍んだものだ」。

サムライの日本刀の切っ先すれすれのところを歩み、チェキスト（ＫＧＢの前身機関の活動家）のナガン式連発ピストルの照準下を歩むことに慣れた人の口から洩れたこうした告白こそは、かけがえのないものであろう。

今日、男子神学校のあった場所には病院が存在する。そこに行くには、道路を横切らなければならない。が、その当時は、正教宣教団の施設と土地は、全体が一つの塀に囲まれていた。昔は、大きな寺院の土地を分割してこういう光景を呈することは、日本では珍しくなかった。とくに大都市ではそうだった。たとえば、永昌寺は、柔道の揺籃地の頃は、現在のごくちっぽけな聖堂と比べると、はるかに大きな土地を有していた。だが、二五年に、ワーシャが自分の母校をめざして駿河台の丘を登った時に、はたして、その校舎が目に入っただろうか。日露戦争直後に生涯の最も重要な六年間を過ごし、自分の性格を形成し、世界と自己への見解を培った、その学び舎のことであるが……。もしも、或る重大な事情がなかったならば、校舎を見ることもできたろう。というのは、二三年の関東大震災で神学校は燃え落ちてしまっていたからだ。ワーシャが東京にいた二五年の時点では、その焼け跡には、学校ではなく、すでに病院の建物が建っていたのである。

## ■関東大震災

ニコライ主教の死後、その地位を継いだのは、府主教セルギー（姓チホミーロフ、一八七一～一九四五年）であった。一三年にワーシャの卒業試験を行なった人である。その彼が、後年こんな回想を残している。

**東京復活大聖堂（ニコライ堂）**
1923年9月1日の関東大震災の前と後

二三〔大正一二〕年九月一日の朝、何か特別な前触れがあったわけではない。昼食前の時間に、私の所に若い正教要理履修生のヤコフ山口がやってきた。おそらく私が喜ぶようなことを言ってみたかったのだろう、山口は日本語でこう声をかけてきた。——「もう長いこと地震がありませんね、けっこうなことですね」と。——これに対して私は冗談にこう返した、「いやいや、反対です。けっこうではありません。強い地震が来ればよいです。今では、みんな地震不感症になっているから」と。ところで、注意したいのは、東京では、地震の小さな揺れ、物が壊れない程度の地震は、しばしば起きていた、ということだ。だが、二三年には、早春からそれらが無かったのである。それで、こうした状況が多くの人を安心させていた。そこに、一一時五八分四四秒がやって来たのだ。その時、私は食堂の椅子のそばに立って、新聞を読んでいた。

突然の揺れ。新聞を読み続けようとはした。が、〇八年以降では一度も感じたことがないほどの揺れが、始まった。立っているのも困難だった。

さらに大主教セルギーは、正教宣教団の建物から中庭にどのように降りて行ったかを記している。そこは何もかも埃の雲に蔽われていた。その雲が四散するや、眼前には、破壊し尽された光景が現われた。

正教宣教団のすべての建物の屋根から、乾燥粘土と共に屋根瓦がくずれ落ちていた。四七年前に屋根に敷かれたものだ。煙突は破壊され、すでに地上にあるか、壊れたままどうにか屋根の上に立っているかした。第二の激震が始まった。地面は海の波のように揺れ動いた。家々は軽い箱のように揺さぶられた。屋根の上の壊れたままの煙突は、その場で跳ね上がったが、地上には落ちなかった。その様子は「起き上り小法師」のようだった。屋根瓦は下へと飛び続けた。宣教団の敷地を囲む鋳鉄製の塀は、一アルシン〔約七一センチメートル〕の幅で前後に揺れ動いた。電話線、電信線、電線が互いにぶつかり合っては騒々しい音を立てた。集まった人々の青ざめた顔。目には涙が。ぞっとする光景だった。

最初の震動の後、宣教団本部の建物の北壁は、東壁と西壁とから切り離され、トラス〔桁組〕によってのみ、かろうじて倒潰から免れていた。それは、後になって人の手で分解しなければならなかった。

人を押し潰すことのないように、である。今日、そこには、新しい壁が造られている。それは（窓三つ分に）著しく縮小され、北向きの張り出しを有する。大聖堂のドームとつながった高さ四〇メートルの鐘楼は、へし折れてドームの円屋根に落下した――現在、同じ場所には、さらに低い所に、新しく、若干変わった形態の、丸みを帯びた鐘楼が建っている。大聖堂のドームからは、十字架が落下した。しかし、一番恐ろしいことが待っていた。木と紙でできた家が立ち並ぶ東京は、地震の起きた時、ほとんど至る所で、昼食の準備中であった。火を使っていたのである。大規模な火災が発生した。十数万人の命が奪われた。ニコライ堂も焼けた。宣教団の建物、神学校、図書館もすべてが焼けてしまった。府主教セルギーはこう回想する。

北側の扉からその中（大聖堂――引用者註）に入った。西側の扉と、そこへ通ずる階段とは、落ちてきた鐘楼の残骸で埋もれていた。すでに煙も臭気もなかった。南側の扉の上方では、イコンの枠が燃え尽きようとしていた。大聖堂の内部の木材で燃え尽きなかったものは、これっぽっちもなかった。木製のものがたくさんあったからだ。太さが八ヴェルショーク〔約三五センチメートル〕の梁材、至る所にある一ヴェルショークの厚さの床、天井と円屋根のアーチの板製の被覆、鐘楼に通じる木造の床と階段、木製の三層のイコノスタス、である。尖塔も木製だった。堂々とした大聖堂がこれほどまでに燃えやすい材料を用いていたとは、驚きだ。まるでわざとのように、焚き付け用の木端が集められたみたいだ。円屋根の鉄の骨組は柔らかくなり、大聖堂の内部に崩れ落ちた。鐘は完全に溶解した。金属製と銀製の礼拝用具は溶解するか、ひどく破損するかした。

法衣とか僧帽もことごとく燃えてしまった。損害は、大きかった、というか、測り知れなかった。その「測り知れなさ」を測る必要があるのだが、それは、個々の品物の値打ちによるのではなく、一八九二年以降の三〇年間にわたり、いかに苦労してそれらを入手し、収集し、入念に保存してきたのか、という観点から評価すべきである。燃えてしまったすべてのものが、善良な庇護者たちの「寄進物」であり「心の籠もったもの」であった。が、それも一晩たつと何も残らなかった。私は何もかも失った。イコンも、書籍も、祈禱書類も、衣服も、家も、図書館も、学校も、そして大聖堂も。

## ■現在のニコライ堂周辺

ニコライ堂と宣教団の建物との復興が始まったのは、二七年九月一日のことであった。復興に必要な資金が直接世界中から集まった結果であった。つまり、二五年には、駿河台の丘を登り切ったワーシャの眼前には、まだ宣教団の建物の焼け跡とその廃墟があった。火事で破損された大聖堂の壁のみがあった。悲しい情景である。当時の写真がこのおぞましい光景を伝えている。が、そうした写真によっては、ワーシャのようにこの場所と深く強く結ばれた人の心魂に訪れたに違いない恐怖と精神的荒廃の感覚とは、伝えることは不可能だ。ワーシャはたぶん、その廃墟で、誰か知り合いに会ったことだろう。何か話でもしたろうか。だが、その会話の中身はとなると、これは、永久に知られないままだろう。

今日では、ただ想像することができるだけだ。大聖堂の壁を眺めながら、そしてまた、新たに造られた宣教団の建物の北側の壁と、南側の半円状の壁のバルコニーとに目をやりながら、ではあるが……。バルコニーの二階部分には、かつてはニコライ大主教の書斎があった。だが、二〇一五年の時点では、建物の復元のために修復の最中だったから、ワーシャはその二階へと上がることはできなかっただろう。こうしたことをすべて想像するのも、今ではたいへん難しくなっている。

なんとなれば、現在の大聖堂は、東京で最も高みのある建物に見えないだけでなく、その周囲を囲む高層ビルのおかげで、見つけ出すのも容易ではないからだ。大聖堂の建物は窮屈に挟み撃ちにされた格好で、高層ビルを背景として甚だ不如意に見える。ニコライ堂の写真を撮るためにお勧めできる遠近撮影法のなかでも面白いのが一つある。大聖堂が建つ丘の東側斜面に行って、そこから、巨大な現代的ビルのガラス壁に、日に照らされた大聖堂が映し出されるのを眺めることだ。

**東京復活大聖堂**
現在の正面入口と鐘楼

もしも、このガラス壁のビルにちょっと近づくなら、大聖堂から二〇〇〜三〇〇メートルの場所に驚くべき施設が保存されているのがわかるだろう。――それは「民家」様式の伝統的な日本建築である。大正時代の始め頃か、明治の終わり頃か、はっきりしない時期に建てられたものだ。もしも、明治末の建立であれば、次のことを意味するだろう。すなわち、かつてその建物には「伊勢丹」会社の商店が入っていて、晩年の主教ニコライ・ヤポンスキー自身もその商店を目にする機会があったろう、ということである（ニコライ永眠は一二年＝明治四五年二月一六日）。もしかしたら、若き日のワーシャ自身もまた、この商店の脇を幾度となくせわしく通り過ぎたかもしれない。この建物は二三年の震災時には奇蹟的に損害を免れた。

周囲の何もかもが崩壊し燃えつつある時、この建物の脇を、宣教団団長の府主教セルギーがロシア帝国大使館の援助を求めて、慌ただしく通り過ぎたことでもあろう。では、大使館（ソ連邦は二二年にすでに成立していたが、この二三年は、まだ帝政ロシア大使館のままだった）は当時どこにあったのか、そして、我らが主人公（ワーシャ）と大使館との関係はどうだったのか。

## 7　ロシア帝国大使館

### ■一八五八〜一九〇七年

東京のロシア帝国大使館、後のソ連邦全権代表部は、ワーシャとその同僚と友人の関心の外に留まることはなかった。が、まずは大使館の建物自体と、そもそもどこに建てられたのか、その場所とについて、言及しておくべきだろう。

ロシア帝国の公式の外交代表部の設置に関する協定書は、一八五八年に調印された。その時は、江戸に設置すべし、ということだった。それからさらに一四年が経過し、明治帝はアレクセイ・アレクサンドロヴィチ大公と謁見した。その後、ロシア正教宣教団とロシア帝国外交団の建物の（すでに東京と改称された都市での）建設について許可が下りた。宣教団が駿河台の丘の上に個人の所有者から土地を入手したことなど、すでに上述したが、外交団の歴史も少なからず劇的なものだった。

一八七三年九月五日、在日ロシア公使ビュツォフは東京市当局に地所一区画の入手の件で援助を依頼した。「我が国の政府、ロシア外交使節団及びそこで働く官吏のための建物を建設するために」、である。ロシア総領事館（まだ大使館ではなかった）用の土地には、皇居の近くの一区画が割り当てられた。――そこは英国大使館のあった場所（半蔵門）よりは遠かったが、米国大使館の場所からは幾らか近かった。後者と我らの場所とは同じ地区、すなわち虎ノ門にあった。一八七六年、新任の駐日ロシア代表ストルーヴェの下、その建設が始まった（翌七七年に落成）。

ロシア外交使節団の建物の設計略図が何枚か保存されている。建築家ロペットとハルラーモフの作成したものである。これらの設計図では「ロシア様式」に仕立てられている――貴族御殿にあるような塔が付いていたのだ。当時の有名な美術評論家スターソフはこの略図についてこう論評している。

ロペット氏による石造建築、すなわち我が国の在日大使館のことだが、これを「館」と呼ぶだけでは言い足りない。これこそは真の宮殿である。極東地方の建築という点で、この見事に造られた、上部に鷲が睥睨するモスクワ風の美しい塔ほど、我々向きのイメージに相応しいものはない。この建物はすっきりとした形をしていて、アーチ型の二重の窓が幾つも並んでいた。（…）質量とリズムとの見事なハーモニー、高貴で安らかな普遍性、アジア的のようでいて同時にロシア的でもあるもの――そうしたすべてが備わっていた。

**ロシア帝国大使館**（イリシェフの絵）

この設計図で最も驚くべきこと、それは、その設計が遂に実現に至らなかった、という点にある。

結局、大使館の建物は英領オーストラリアの建築家スメドレーが建造した。スメドレーは、東京の中心部全域の建物の建設に積極的に参加し、日本政府の支持を得ていた人である。その彼が「裏・霞が関」の一画に二階建ての明るい色の宮殿を建てたのだ。

それは側面に二つの張り出し窓を持ち、上部に半円形のフリーズ（帯状装飾）を施していた。そこでは帝国の双頭の鷲がひときわ目を惹いた。建物上部のコーニス（蛇腹）に沿って白色の手摺りが伸びていた。ファサード（正面）は二対の白色の柱で飾られていた。入口の門は当時の流行によって優雅な鋳鉄製の柵と門柱の街灯とで飾り付けられた。が、そこには、東京のすべてに共通する日本邸宅の門の様式が残されていた。それは、保存されてきた写真を見れば、これが東京流の折衷主義様式かと納得されるものだ。

一八七〇年代に東京の中心地、とくに霞が関から丸の内にかけて、西欧風のこうした建築が建設され始めた。が、残念ながら、それらの建築遺産は今は何も残っていない。もっと遅れて建てられた建物ならば、今日まで少しばかり残されてきたけれど（東京駅、三菱一号館美術館、旧司法省庁舎の建物）。この意味でそれらは我々にとっては慰めとなりうるのだ。なぜなら、東京駅などが建てられていた頃に、ロシア外交使節団の建物もその隣近所にあったからだ。もう一人の職業的な建築批評家で著名な画家のヴェレシチャーギンは、その使節団の建物について控えめにこう評している。

「Russia Legation〔ロシア公使館〕の建物はごく上等の出来だ。たぶん、他の大国の大使館の建物にはやや劣るだろうけれども。そこでは堂々とロシア外務省の旗をはためかせている」。

○七年、ワーシャが単独で駿河台の丘にたどり着いた時、ロシア外交使節団は大使館の地位を獲得し、ロシア帝国の駐日代表にはマレフスキー＝マレーヴィチが任命された。彼の下で大使館の建物は拡張された。すなわち、木煉瓦の壁には、豪華に飾られた二階建ての応接間が増設された。新任の大使は、正教宣教団の団長であるニコライ大主教との温かい関係を維持しようと努めた。しばしば神学校を訪問し、将来のわが国の諜報員たちの試験を行ない、その自主的な演劇祭にも出席した。

## ■一九二三年と一九二五年

だから、二三年九月一日の大震災の日に、正教宣教団の住人たちが外交使節団の所に駆けつけて、救助を求めたのは偶然のことではない。その中には、日本の主教セルギーとウラジオストクの主教ミハイルも含まれていた。風向きのおかげで、大使館の建物は火災から免れた（米国とフランスの大使館は全焼した）。建築術の質が優れたものだったので、建物が地震から受けた損害は比較的小さくて済んだ。たしかに、集中暖炉は破壊され、煙突が倒潰した。さらに、各階の仕切り（天井・床）が押しへこまされ、外壁が壊れた。だが、たとえば、英国とイタリアの大使館の方が、はるかに激しく破壊されたのである。

ロシア外交使節団の敷地内には、ロシア人の避難者と被災者のために仮設テントのキャンプが設けられた。そこでは秩序が保たれた。個々の不幸な人たちのキャンプ内での居場所でさえもが、その場での被災者登録によって定められたのである……。

二五年、ワーシャ夫妻が神戸から東京へ移った時、大使館はおそらくその歴史上で最も劇的な時期に遭遇していたであろう。その年の一月、数カ月にわたる交渉を経て、日本はソビエト連邦を承認したからだ。二五年二月一五日の夜、もはや存在しない大国（ロシア帝国）の最後の大使アブリコソフが、外交使節団の建物から立ち退いた。そして、赤坂の一画にかねてから賃借していた豪邸へと引っ越した。ロシア外交使節団の宮殿が空っぽになったのは、ちょっとの期間だけだった。駐日ソ連全権代表部の職員たちが入れ替わるように宮殿に入ったからである——ここに、日本におけるわが国の外交史上でのソビエト時代が始まった。霞が関に、鎌と槌が描かれた赤旗が舞い上がったのだ。

今日、この最初のロシア大使館のあった場所の前にたたずんでみても、過去の光景を想像するのはほとんど不可能だ。現在、ロシア大使館の豪邸のあった場所には、古典的様式の別の重要な建物が占めている。日本の旧大蔵省庁舎である。一方、霞が関の全空間は、官僚の巨大な矩形の砦がひしめく中に位置する。かつて、この区画の大通りを徒歩で、乗用馬車で、人力車で、路面電車でわがロシアの同胞たちが行き来し、その後を遅れまいとして特別政治警察の勤務員、すなわち特高があくせくと尾行に精出していた——と、そんな光景は、今では信じがたいほどである。（ロシア帝国の大使館は明治・大正時代に作成された東京市地図では「露国大使館」とあるが、本書では「ロシア大使館」あるいは「ロシア帝国大使館」を用いる。）

## 8　アジト、非合法の会合

### ■ワーシャの弁明

ワーシャに関する特高の監視記録の資料は乏しい。我々に知られている唯一の警察報告書によれば、南青山（青山南町）の住まいの他に、たった一つ、或る住所が判明する——「日本橋区、元大工町（現在の八重洲一丁目、日本橋二丁目）、四番地、鈴木ビルディング」。ワーシャの仕事先の住所である。そこに、「フィルム」と称する小さな映画フィルム貸出会社があった。ワーシャはここを経営していた。あるいは、別の資料によれば、社名は「スリヴィ・フィルム」ともいう。現在、ここは東京駅八重洲口の改札から徒歩一分ほどの何の変哲もないビジネス街の一画だ。

僕自身にとってその一画が記念すべき場所となった唯一の理由というのは、同じ区画に書店があって、東京の古い地図一式を購入したことがあったからだ。その結果、「スパイの東京の案内書」といえる本書の準備の歴史が豊かなものとなったのである。が、ともかくも（時を越えてワーシャの勤務先と

**八重洲**
映画フィルム貸出会社「スリヴィ・フィルム」のあった場所

その書店とが同じ区画内にあったという）驚くべき符合がまたしても生じたわけである。そして、この類いのめぐり合わせがこれで最後となったわけでもない。

だが、全体として、以下のように確信してもよいだろう。すなわち、ワーシャは「軍事的テーマの噂」を収集しながら東都に住んでいたのみならず、或る活動計画を練っていた。その計画が実現した暁には、彼の後継者ゾルゲ博士がかち得たと同じような栄光（それがどんなに特殊なものであれ）がワーシャに、もたらされたかもしれない、ということだ。ワーシャの場合は、ゾルゲのように「助走期間」の数年間が与えられたわけではなかった。生活習慣に慣れ、連絡網を形成するための準備期間のことである。ゾルゲだって、積極的な活動に着手するためには、日本到着後の三年間が必要だったのである。ところが、ワーシャの方は、日本到着後一年半にも満たない時期に、もう本国へと召還されてしまったのだ。その理由として、「目に見える結果を出していない」ことがあった。

だが、召還命令を出した当時のソビエト諜報機関自体には、そもそも、ワーシャ・クラスの諜報員を自己の隊列に組み込む用意がなかったのだ。端的に言って、未熟であった。ワーシャは、ソ連に召還された後もまだ、自腹を切って在日諜報活動での支出に対する支払いをせざるを得なかった、というお粗末さだった。そこには、その時期に唯一味方に引き入れた日本人の協力者で軍の学校に勤務する「チェプチン」への報酬もあった。ワーシャはさらに釈明のために、こう説明した。日本出張の一年四カ月（二四年一一月二四日〜二六年四月五日）のうち七カ月間は神戸に居て警察の監督下にあったこと、一カ月間はハルビン出張で諜報機関の指導部とも会っていた、ということである。

ワーシャは東京で入手した情報の水準がどんなものか素晴らしくよく理解していた。だから、腑に落ちぬ思いをこう記している。

「私の集めた情報の中には価値ある情報が山とあるに違いないのに、いったいどうなっているのでしょう。日本語を全部ロシア語に翻訳してみれば、その価値もわかることなのですが」。全く同様の体験を、もっと以前に諜報員のサモイロフ大佐も味わっている。日本の軍事力の増大に関するこの人の報告書は、〇四年の日露の戦争開始まで、何と一度として読み通されることがなかったのだ。

同様の事態が、ゾルゲにも起きている。彼が本国に送った電報は、しばしば「疑わしき資料とデマ類」という名の書類挟みの中に綴じられてしまうのだ。

ワーシャはウラジオストクの無知な指導部に対してこう弁明している。

私を非難するのならば、まず以下のことをチェックしていただきたい。第一に、指導部がみずから、私の労働条件がどんなものだったのかを知ること。第二に、私の仕事に対して正しい指導がなされたのかどうかを思い出すこと。第三に、ウラジオストクから私への定期的な連絡が整備されていたのか。第四に、私にきちんと資金が送付されていたのか。第五に、私からの手紙の内容に対して注意がなされたのか。その手紙のなかで私は再三、出口の見えない袋小路の状態について強調している。第六に、職務の正しい計画が私に与えられたのかどうか。

## ■プレシャコフとヤホントフ

東京のロシア人諜報員への悪しき指導の一例として、以下の出来事も数え入れられるだろう。汽船「デカブリスト（一二月党員）」で日本に到着したクーリエ（伝書使）から、ワーシャに対して細首の小瓶が送りつけられてきたのである。が、その瓶には暗号文に用いられる液体が入っていて、それが外に流れ出ていた、というお粗末さであった。しかもその後、そのクーリエ自ら、諜報員のワーシャを電報で呼び出したのである。この非現実的な筋書き、あるいは、信じられぬ愚劣さ加減は、諜報員の命を奪いかねないほどのものだった。

この最近の伝達の例に関して言えば、私は否定的な意見を開陳したい。というのは、もしも「ミトリチ」が偶然に東京に来なかったならば、私は〔日本の官憲によって〕摘発されていただろうからだ。今後はいかなる形でも私に対して電報は打たないでほしい。連絡は「ミトリチ」を通してのみお願いしたい。私からの連絡事項を彼が北海道の領事に連絡する。そして領事はみずからの連絡手段でウラジオストクの諜報機関本部へ連絡する、ということだ。

ワーシャは諜報機関の本部にそう伝えている。ここで登場する「ミトリチ」とはプレシャコフのことで、ワーシャと同い年の同窓生であることは、すでに既述した通りだ。プレシャコフはワーシャより駿河台の正教神学校を一年先に卒業している。革命前はハルビンで働いていたが、おそらく、後アムール川地方の国境警備の独立コサック兵団本部で、諜報部か防諜部で通訳官をしていたのだろう。第一次大戦には参加している。国内戦期には、コルチャーク提督軍の諜報機関に勤務し、日本人に対して働いていたが、提督の死後は本庄繁陸軍大佐の通訳となった。本庄はシベリア占領軍の部隊の一つを指揮していた。シベリア干渉が終わるとプレシャコフは北海道に現れた。「ツェントロソユース(ソ連消費組合中央連合会)」の現地代表者の通訳として、である。この組織は、日本の北方海域での日ソ双方の漁民の相互関係の調整をその仕事としていた。彼のボスは、在北海道ソビエト諜報機関の正式な駐在諜報員代表のヤホントフ(バビチェフ)であった。

このヤホントフもプレシャコフも、日本の首都での「疑わしきロシア市民」として、特高によって何度も記録されている。彼らは常に監視されていた。もっとも、監視の結果は、何物も日本側の防諜機関に与えるものでなかった。だが、我々にとってはありがたいことに、それは、東京でのワーシャ・グループのもう一つの拠点を明らかにしている。特高の報告書から特徴ある断片を以下に紹介しておこう。

函館の「ツェントロソユース」支部の通訳プレシャコフは、麴町区のホテル「丸の内」に滞在した。同人が函館の「ツェントロソユース」支部員ルィシコフと共に首都に到着したことは、先月二五日付の秘密報告書六四九号ですでに伝えた。同人〔プレシャコフ〕が昨晩一〇時に函館に向かって上野駅から東京を離れたことは、電話で茨城県に伝えた。当地でも同人への注意を怠らぬように願いたい。

ホテル「丸の内」は東京でのソビエト諜報員の定宿になっていた。残された特高報告書で追跡調査できる限りでの話ではあるが……。残念ながら、それらの文書にはこのホテルの住所の記載がない。よって、今日の我々には以下の行動だけが可能である。すなわち、地下鉄有楽町線の麴町駅が存在する地区へ出向いてみることだ。この駅は皇居の門である半蔵門と大きな四ツ谷駅との間に位置するが、ここから霞が関の方へとぶらぶらと歩いてみることである。霞が関はかつてソ連全権代表部があった場所だから、北海道からの客たちも必ずここを訪れていたであろう。このぶらぶら歩きでは、もう一人のソビエト駐日諜報員（ゾルゲ）がしばしば訪れた場所（在日ドイツ大使館）の前をも通り過ぎることになろう。ワーシャの離日後七年ほど経てから東京に到着した人物のことであるが……。だが、この話は次章に譲りたい。

# 9　伝記の結末

## ■シベリアからモスクワへ

ワーシャは首脳部の意向によって東京を大急ぎで去らざるを得なかった。おかげで、肺結核を病む妻は日本に取り残されて、あとで一人で祖国にたどり着く始末であった。それから丸々一年半を経て、ザコロトキンと交替した新任の管区諜報機関長は、こうモスクワへ報告している。

オシェプコフ〔ワーシャ〕解任には、心底から憤激の意を表したい。この事実の不出来さ具合はまったくお話にならない。私の深く確信するところだが、ふさわしい指導部が与えられていたら、彼は、かかった出費の百倍もの埋め合わせをしたことだろう。こうしたタイプの人物を我々はもう有することは叶わないだろう。私は思うのだが、もしも今すぐオシェプコフを我々に与えてくれるならば、我々は彼を優れた工作員に仕立て上げるだろう。その時には、彼は、我々が思ってもみないような技量を発揮するかもしれない。

だが、諜報機関にワーシャが「与えられる」ことは、もはやなかった。そうしようとしても無分別なことになったろう。なぜなら、ワーシャにとっては、長らくソビエト連邦に居を構えた後になって日本での「奇跡的な返り咲き」を果たすなんてことは、東京の同僚たちにはどう説明しようとしても、どっちみち失敗したことだろうからだ。

二七年、ワーシャはシベリアのノヴォシビルスクへ移った。当時、そこには軍管区本部が駐屯しており、彼は引き続き通訳〔翻訳者〕としての勤務に就いた。と同時に、すぐに好きな柔道の宣伝に取り掛かった。が、今度は、革命前のウラジオストクでやったような、スポーツマンの同好者相手ではなく、軍人の間に柔道を普及させようとした。この決定に見て取れるのは、著しく軍国化された日本での生活体験であり、日本軍人相手の諜報活動で培った職業的な特性であった。軍管区の新聞には「ノヴォシビルスクでの柔術」という大きな記事が現われた。

シベリア軍管区本部付属の国防協賛会の集会において、日本の護身術「柔術」についての、同志オシェプコフ〔ワーシャ〕の興味ある報告があった。彼はみずから幾つかの技を実演してみせた。

ワーシャのこの報告については他の複数の新聞も記事にし、それを引用し、新しい発言に期待してもいる。だが、シベリアの気候の中で、肺結核がワーシャの妻の息の根を止めた。伴侶を埋葬した後、絶望的になったワーシャは、モスクワの友人たちにシベリア脱出のことで援助を求めた。

二九年一〇月、夢は叶い、彼はモスクワの人となった。のみならず、労農赤軍身体訓練監督局の要請で、赤軍軍人の身体訓練の必修科目としての白兵戦術について、その教科書の作成に参加したのである。そしてすぐに、赤軍中央会館と、スターリン記念国立中央体育研究所での柔道教師に任命された。

遂には、モスクワに引き移ってまもなくのこと、若い未亡人と知り合った。夫の死後カザンからモスクワに戻ってきた女性でアンナ・カゼム＝ベクという。いくばくかしてワーシャはアンナと暮らし始めた。

## ■サンボ誕生

ソ連国内では、柔道の学習は、その可能性が制限されていること、「ソビエト」の殻に閉じ籠もらざるを得ないこと、外国人の教師とスポーツマンとの交流の可能性が失われていること——こうした条件下で、ワーシャは、彼とは血縁関係にある講道館柔道に対して、次から次へと変更を加えて行った。ソ連には畳が存在しない。で、それをレスリング用のマットに替えた。それに伴い、この格闘技の選手がとるべき「体勢」も変化した。より低い格好となり、サーカスの闘士の立ち姿に似通ったものとなった。レフェリーズ・ポジション（選手が試合開始時にとらなければならない姿勢）の「体勢」の数も増大した。マットでは足の指が痛むので特別な靴、すなわちレスリング・シューズを導入した。学生の多くがつい最近までは農民であって、裸足よりも靴をはく方がより正常な状態だったので、これは尚更のことであった。純粋に美的な見地からも、そう言えよう。日本のユニフォーム、すなわち稽古着も根づかなかった。その白いズボンは余りにもズボン下に似ていた。だから、ワーシャはスポーツ用のズボンをはき、白いジャケットを着て試合に臨むようになった。そのうち、ジャケットはウエストの詰まったものとなった。帯は、特別な袖ぐりに縫い込まれた（現在は独立した帯も使用）。

——以上のように、戦後「サンボ」（ロシア語で「武器なしの自己防衛術」の略語）と呼ばれることになる競技について、その選手特有のユニフォームその他の外見が形成されたのである。

しばらくの間、この新しい格闘技は、三四年から三五年にかけての教育課程では、「フリースタイル・レスリング（ジュードー）」と呼ばれた。ちなみに、三四年、ワーシャはモスクワで初めての柔術クラブを開設した。「ソビエトの翼」協会の中に、である。数カ月後には、似たようなクラブがレニングラード、ハリコフ、ウラジオストクに現れた。三五年三月には、ソ連で最初のフリースタイル・レスリング（ジュードー）選手権大会が開催された。そして三七年、ワーシャはさらにこの格闘技種目の全ソ連盟の結成に成功する。関連する本も書き始めたし、軍隊での柔道教育の必要性について大きな論文も用意した。だが、彼の論文と講演の中では、日本への言及はますます稀になった。ソ連におけるこの国の政治的イメージの全体的なトーンが変化するにつれて、であるが……。

### ■ブトィルカ監獄

同じ三七年の九月二〇日、ソ連外務人民委員エジョフが「命令」第五九三号に署名をした。次のような、いわゆる「ハルビン人についての命令」である。

内務人民委員部（ＮＫＶＤ）の機関によって、いわゆる「ハルビン人」が二万五千人ほど数え上げられた（元東支鉄道従業員と満洲帝国からの逆亡命者と）。彼らはソ連邦の鉄道線沿線と工業地とに住みついている。諜報機関業務の調査資料が示すところによれば、ソ連へと出国してきたハルビン人の圧倒的多数は、かつての白軍将校、警察官、憲兵、様々な亡命系スパイ・ファシスト団体の参加者、等々で構成されている。彼らの圧倒的多数は、日本諜報機関員である。この組織は数年間、テロと破壊とスパイの活動のために、ソ連邦へ彼らを送り込んできた。

ワーシャは「ハルビン人」だった。約二年間この都市に住んでいたし、しばしばここを訪れもした。その人生で、ハルビンの痕跡はかなり明瞭に跡づけられる。そればかりか、ワーシャは帝政ロシアの皇帝政府の防諜機関員だった。当時の用語でいえば「憲兵」だったわけだ。日本軍でもコルチャーク軍でも働き、日本での生活も長かった。

ワーシャの逮捕状は、三七年九月二九日に署名された。翌一〇月の一日から二日にかけての深夜にワーシャはブトィルカ監獄へと運ばれた。と同時に、ポズネーエフとネフスキーのような日本学の大家たちも逮捕された。その他のあまり有名でない日本学者の多くも同じ運命をたどった。

だが、このことは、こうした「排除」（＝粛清）の組織化の程度から判断すると、とうの昔から内務人民委員部では準備がなされていた、といえる。「命令」第五九三号の第三A項による逮捕該当者として、「ハルビン人」はかなり前から存在していたのだ。ワーシャは恐るべき犠牲を要求するモレク神の犠牲になったのである。この神は祖国の日本学派をほぼ徹底的に滅ぼした。

だが、ワーシャの取調文書には、証人尋問調書が一つとして存在しない。傑出したスポーツマン兼トレーナーだったワーシャだが、かなり以前から狭心症を患っていて、血管拡張用のニトログリセリンが手放せないでいた。ブトィルカ監獄の第七廊下の第四六房に彼は逮捕後に送り込まれたのだが、そこでは一粒の錠剤の所持も許されなかった。

三七年一〇月一〇日一八時五〇分、ワシーリー・セルゲーヴィチ・オシェプコフ（愛称ワーシャ）は、発作のために息を引き取った。当時の言い方をすると「胸の扁桃炎」（狭心症）の発作によって、ということになる。

## ■ワーシャの記念に

五七（昭和三二）年にワーシャは完全に名誉回復される。にもかかわらず、彼の名前は、スターリン・

テロ時代の弾圧犠牲者名簿には載っていない。

ワーシャはまた、ヤポニスト（日本学者、日本研究者）にも数えられていない。――東京正教神学校出身の日本語の最初の実践家で講師だったたし、「日本学者粛清」の犠牲者の一人だったのであるけれども（彼の同窓生のジュラヴリョフ、プレシャコフ、ユルケーヴィチの三人はその犠牲者リストに記載されているのだが）……。

ヤポニストで諜報員としてのワーシャは、消滅したかのようである。彼のことを記憶しているのはスポーツマンたちだけである。ただし、現実に活躍した人間としてよりもむしろ伝説的な、記念碑的人物として、ではあるが……。――今日、ワーシャを記念して柔道・サンボの競技会が行なわれているし、モスクワ近郊では彼の名を冠したサンボ学校も存在する。だが、こうしたスポーツ部門の圏外では、ワーシャは、どこの馬の骨かもわからぬ存在なのである。

以上で、「東京でのワーシャゆかりの場所」をめぐる話は、おしまいである。あらためて、この非凡な人物の記憶に敬意を表する次第だ。

# 第2章

# リヒャルト・ゾルゲ

## ——諜報団の首魁——

ゾルゲ。意識的に禁を犯そうとする人。ここでは「手で動かしてはいけない」という警告を英語と日本語で書いた貼り紙に向かってわが諜報員は右手と右足でちょっかいを出している。

「私は支那にいる時、秘密の仕事でなく一度東京に来て三日間『帝国ホテル』に滞在したことがあり、その時日本に対する印象は非常によかったので、支那からモスクワに帰り、何処かへ情報活動のため行けと言われた時、冗談に東京にでも行こうかと言ったが、数日後冗談も時には真実性があるとて日本に行く様になったのである」。

——リヒャルト・ゾルゲ『獄中手記』より

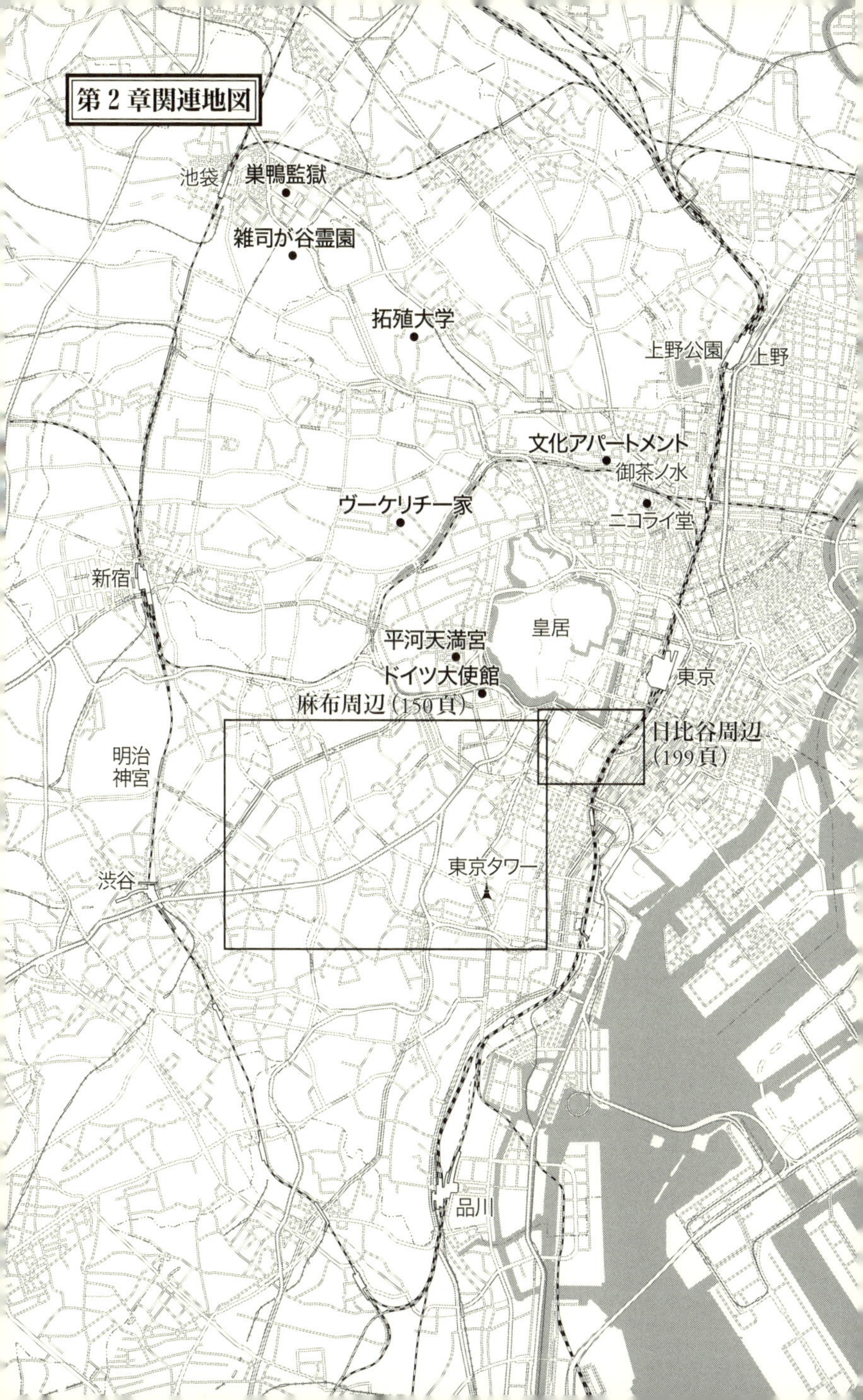

第２章関連地図
池袋
巣鴨監獄
雑司が谷霊園
拓殖大学
上野公園
上野
文化アパートメント
御茶ノ水
ヴーケリチ一家
ニコライ堂
新宿
皇居
平河天満宮
ドイツ大使館
東京
麻布周辺（150頁）
日比谷周辺
（199頁）
明治
神宮
東京タワー
渋谷
品川

有名なソビエト諜報員の東京生活について資料集めを始めてみて驚いたことがある。わが国（ソ連〜ロシア）にはゾルゲのことを書いた本が一ダースほどしかなかったということだ。信じられないほどの少なさ。さらに論文が数十編。こっちの方はルーツをたどってみると二つの資料に行き着く。六〇年代はじめにソビエトのジャーナリストが準備したものだ。オフチンニコフとマエフスキーの二人である。

ゾルゲ礼賛の組織的宣伝活動が命じられたのは四四（昭和一九）年一一月七日の日本での彼の刑死から二〇周年を記念してのことだった。ソ連共産党の煽動宣伝部によって遂行された。続いて、本章で言及されることになる何冊かの書籍が刊行された。二〇世紀の九〇年代には公文書館の文書資料が部分的に解禁され、それにもとづく論文も発表された。

他方、ゾルゲの祖国の外では彼のことはひきも切らずに書かれてきたし、今も書かれている。伝記上の重要な出来事であろうとなかろうと、枚挙に暇がないほどだ。

ゾルゲ唯一の日本女性の恋人であった石井花子は彼について本を三冊も書いている。最初の本は四九年に出版された。その頃は、ソ連ではゾルゲのことを秘密扱いから解除しようとする計画すらも存在しなかった。

本章では、公文書館の奥深く分け入って何かの新資料を提示するわけではない。紹介する資料に学術的な新発見があると主張するものでもない。だが、資料を集めながら知らされ感じさせられたことが、僕を執筆へと心底からつき動かしたのだ。わが個人的なゾルゲとの関わりは二〇〇二年の秋に始まる。が、そのいきさつを語る前に、ゾルゲとは何者なのか、そこに思いを致すべきだろう。それは、以下の事実を考慮した上でのことである。前章のオシェプコフ（以下ワーシャとのみ表記する）とは違って、ゾルゲはともかく「礼賛」の対象となり、伝記上の主な出来事がよく知られている、ということだ。けばけばしい宣伝文句に飾り立てられてきたけれども。

## 1 伝記

### ■バクー、ベルリン、モスクワ、上海

ゾルゲは一八九五（明治二八）年一〇月四日に生れた。これはワーシャの誕生日よりも三年あとのことだ。が、ロシア帝国の辺境での生まれという点では同様で、ゾルゲ生誕の地はアゼルバイジャンのバクー市の近くにある石油採掘業者のサブンチという名の居住区だった。「独創的に造成された真っ暗な地獄の光景」とゴーリキーに言われた場所だった。未来の英雄の母はロシア人女性のニーナ・コーベレワ、父はドイツ人の技師グスタフ・ヴィルヘルム・ゾルゲ。一八九八年にゾルゲ一家はドイツに移住し、リヒャルトは幼年時代をベルリン近郊で送った。

実科中学校を退学して（ワーシャの方は実科中学校を卒業）ゾルゲは志願兵として第一次大戦の前線に赴き、三度負傷し、鉄十字勲章を受け、障害者として兵役免除となる。この体験は二〇歳の若者に強烈なショックを与え、その運命を永遠に様変わりさせることになった。軍の病院では中等教育修了証を受けるための勉強をした。だんだんと、だが、いちずに、ゾルゲは徹底した戦争反対論者になっていき、ますます左翼的な見解を抱くようになった。「一九一四年から一九一八年にわたる世界大戦は、

私の全生涯に深刻な影響を与えた」と彼は日本の獄中で書いている。「かりにほかのいろいろな要素からは影響をうけなかったとしても、私はこの戦争だけでりっぱに共産主義者になったものと思う」。

動員解除ののち、ゾルゲは順次、ベルリン王立大学、キール大学で学び、ハンブルグ大学ではじめて学位を授与される。国法学、のちには経済学の学位を得たのである（ワーシャの場合は東京の正教神学校卒業後は自習を余儀なくされた）。

一七年からゾルゲは社会主義者となった。一九年からはドイツ共産党の一員となり、積極的な宣伝担当活動家となった。そしてさまざまな労働者組織に共産党の特使として送られた。二四年にはソ連に行き、コミンテルン（共産主義インターナショナル）で仕事を始め、労働運動発展の理論と実践の問題に取り組んだ。その際に、その活動と、国際共産主義組織の秘密の任務の遂行とを両立させた。二五年、ゾルゲはソ連の全連邦共産党（ボリシェヴィキ党）に入党し、二九年一一月には推挙されてロシア労農赤軍参謀本部の第四部で勤務することになった。ここの旧称は諜報部で、軍の諜報機関である（「第四部」〔あるいは「第四本部」〕はソ連国境外での諜報活動を主要な任務とし、ソ連共産党中央委員会政治局に従属）。まさにこの機関が三年前に東京から呼び戻したのが、最初の在日非合法諜報員代表のワーシャであった。

三〇年一月、ゾルゲは長期の上海出張に出た。そしてその場所で、将来の自己の諜報団の構成員と知り合う。日本人ジャーナリストの尾崎秀実（ほつみ）と無線技師のクラウゼンである。三二年一一月一二日、ゾルゲは上海からモスクワに戻った。おそらく、本章の始めに掲げた題辞のなかの文句はこの時のモスクワでの発言を指すのだろう（「何処かへ情報活動のため行けと言われた時、冗談に東京にでも行こうかと言ったが」のこと）。

## ■東　京

三三（昭和八）年九月六日、ゾルゲは横浜の岸壁に船から降り立った。この際にはすでにソビエト軍事諜報機関の在日諜報員代表となっており、「ラムゼイ」という偽名を持っていた。が、公的には以下の新聞・雑誌の通信員であった。——『ベルリーナ・ベルゼン・クリール』紙、『フランクフルター・ツァイトゥング』紙、『テークリッヒェ・ルントシャウ』誌、『ドイチェ・フォルクスヴィルド』誌、『ゲオポリティーク（地政学）』誌、オランダの新聞『アルヘメーエン・ハンデルズブラット』である。

ゾルゲの日本での活動は八年にわたった。最初の二年間は諜報団の整備、連絡網の拡充、地下活動の改善に費やされた（ここで思い出していただきたいのは、ワーシャが「仕事の結果がみられない」という理由で日本上陸からわずか一年半後に本国へと召還されたことである）。だが、根深いスパイ活動の伝統を有する軍国主義国の日本で、ゾルゲが秘密の任務に就いていた期間が八年もあった、ということには驚かざるを得ない。彼の成功は多くの点で高度な分析能力と結びついていた。まず、ゾルゲは日本語は下手だが非凡な東洋学者だった。抜群の仕事の能力を持っていて、他のドイツ人ジャーナリストと比べてもその職業活動の前線で一頭地を抜いていた。他の連中はゾルゲのように諜報活動という課題を抱えてはいなかったけれども見劣りがしたのだ。また、ゾルゲには人間的な魅力があった。

自己の長引く出張の主要な時期、「ラムゼイ」（ゾルゲの暗号名）は最重要と思われる情報を日本からモスクワにもたらし続けた。と同時に、その一部は同じモスクワ側の許可を得てドイツ大使館にも流していた。そこではゾルゲはオット大使の事実上の顧問兼（時事情報などの）報告係になっていた。また、大使館内のヒトラーのドイツ国家社会主義党（ナチス）の党細胞長になるようにも勧められた。

ゾルゲには特別に効率的な諜報団を結成する能力があった。全部で数十人のメンバーに上るが、そのなかで中核を成す人物は以下の通りである。まずは、尾崎秀実。とりわけて秀でた中国問題専門家。当時、日本は中国に主要な利害を有しており、尾崎はその資質ゆえに近衛文麿首相の非公式の顧問になっていた。次に、天才的な無線技師のクラウゼンと、ユーゴスラヴィア出身のフランス・ジャーナリストのヴーケリチ。後者は東京の外国人ジャーナリストの間に有益な連絡網を持っていた。そして共産主義的信念の持ち主の画家である宮城与徳。才能ある組織者（オルグ）で、軍事情報の受取人であった。

ゾルゲ諜報団の活動が絶頂を極めたのは、四一年のことだった。ドイツのソ連攻撃の日時をほぼ確定することに成功したのである。そのあと、同年秋に日本はソ連に侵攻せず、自己の戦略を米国に対して展開するだろう、という確かな情報も入手できたのだ。このことはいわゆるシベリア師団のモスクワ近郊への転進についての決定を促すこととなった。シベリア師団とは、以前から沿海州地方、後バイカル地方、東シベリアに配置されていた兵団のことで、最終的にこの転進がモスクワ近郊の独ソの戦闘の雌雄を決したのだ。

四一年一〇月一八日、ゾルゲは逮捕された。ほぼこの頃、諜報団全員が捕まった。総じて三五人が裁判に付されたが、主要なダメージは上記の幹部の五人組に向けてなされた。が、諜報団全員が感謝の気持ちの籠もった証言を残している。取調官の質問に対するゾルゲ自身の応答は一巻の書籍となった。のちには、『獄中手記』という題名でそのロシア語訳も刊行された。訳者はGRU（労農赤軍参謀本部情報総局）のプロホージェフ将軍とその他の日本学者である。しかし、こうした供述は日本の裁判官にとっては、諜報員たちの運命を軽減するものではなかった。ゾルゲと尾崎秀実には死刑の判決が下され、四四年一一月七日の朝に執行されたのである。諜報団の残りのメンバーにはさまざまな禁固刑が言い渡された。ヴーケリチと宮城与徳は耐え難い生存条件の下、獄中で死去した。グループの「中核」ではただ一人クラウゼンが生き延びた。

## ■戦後の日本で

戦後、ゾルゲ事件に対してすぐに重大な関心を示したのは米国人である。ゾルゲとそのグループには日米戦争開始に対する責任が部分的にあるとみなしたからだ。日本側のことで言うならば、この戦争終結後に、日本的伝統によって、ゾルゲに対する見解は一変してしまった。今では日本人の間では、彼のことを敵国の諜報員としてではなく、魅力的なオートバイ乗りのスパイとして（たしかにスピード狂ではあった）、また、ビールとワインと女性の愛好者として、より一層記憶し認識されているのである。要は、あの「エージェント007」そっくりのイメージなのだ。だが、ゾルゲの方は実在の人物である。「赤色スパイ」であり、賢明な男であった。オートバイ、酒、女性の話は先送りするとして、さしあたり想い起こしたいことがある。それは二〇〇〇年に日本最大の新聞の『朝日新聞』に載ったアンケート資料のことだ。過去一千年の日本史上で最も有名な人物は誰か、というアンケートなのだが、なんとゾルゲが上位五〇名のうちに入ったのである。外国人スパイとしては破格の評価ではなかろうか。

## ■戦後のロシアで

わが国の場合はどうかといえば、ただ儀礼的に思い出されただけである。すなわち、日本の獄中で絞首刑になって二〇年もたってから、ゾルゲにソ連邦英雄の称号が授与された、ということである。一九六四（昭和三九）年のことであった。ゾルゲの名を冠した街路も出現した。モスクワ、レペック、カザン、ウファ、ロストフ＝ナ＝ダヌー、アスタナ、ノヴォシビルスク、ペテルブルグに、である。彼の生まれた都市バクーにはゾルゲ博物館があり、市内の主要道路にゾルゲ通りがある。また、少なくとも二つのロシアの「シコーラ」（初級・中等教育一貫の一〇年制学校）にゾルゲの名が冠せられていて、モスクワと東京にある。

彼の死後、数十年が過ぎた。今、ゾルゲが行なったことのすべては、職業的な研究者にとってはとくに重要なものとなっている。つまり、ロシア語で「ゾルゲヴェード」とか「ゾルゴーログ」とか呼ばれるゾルゲ研究者たち、特務機関史家、日本学者、ジャーナリストにとって、ということだ。我々は彼の生涯を標本にとってきた。自己の書き物机に書簡と暗号文を念入りにしわをのばしながら拡げて、虫眼鏡をかざしつつ研究に励んできた。僕にとっては、こうした研究は、不安感や罪の意識と結びついてしまう。だって、我々自身の方はこの研究対象と比べると、あまりにもちっぽけに見えないか、というわけだから。とくに、わが国（ロシア）のゾルゲ研究は奇妙で、不安気で、不愉快なものに思われる（わけのわからない話ではないか）。ゾルゲがその生と死を捧げた当の国家において、彼は「恋多き男」とか、「狂信者」とか、「馬鹿者」とか、として扱われているのだ。現在のロシアに住む非常に多くの人にとって、そうなのである。学校や街路に彼の名が冠せられたとしても、そんな状況に変わりはないのだ。

六〇年代、「上からの指令」の軌道内で厳格に行動しつつ、コレスニコフ夫妻の筆になるゾルゲ伝が、権威ある「偉人伝」叢書という大理石の石棺に納まった。ゾルゲは巨大な人物である。だから、夫妻は彼をイデオロギー的な「プロクルステスの寝台」に嵌め込んだのだ。その際に、ゾルゲはがんじがらめにされ、体のあっちこっちを切り縮められ、去勢され、歯は挿入され、弱った手から酒瓶が取り上げられたりした。概して、はなはだ出来のよいこの本は「ジェー・ゼー・エル」（上記「偉人伝」叢書の略称）という三文字で呼ばれる正典的な伝記叢書の中に押し込められたのである。その結果、そこから出現したのは品行方正で毛並みのよい諜報員のイメージで、いわば極東の「シュチルリッツ」（有名なソ連スパイ映画の主人公）と言えよう。だが、のちに八〇年代後半、「ペレストロイカ」（ゴルバチョフ政権下の改革運動）が勃発して、かつてのソ連共産党の歴史家たちが祖国の学問の民主化の先頭に立った時、ゾルゲ観も一変したのである。

今度は、そのゾルゲが再び途方もなく見事な掘り出し物と化したのである。ＫＧＢの秘密文書が公開されたらどうなることか。そうなったら、「民主的な世論」を啞然とさせるようなものが出てくるかもしれない、と、そう軍人たちは期待した。ゾルゲは二重スパイだ、いや、ごく最近の調査では三重スパイ、いやいや、四重スパイだ、と期待したのだ。ところで、ゴルバチョフ大統領による大酒飲み反対闘争が終わっても、大統領たちが酒に飲まれて小川に転落することが禁止となったわけではない。小川の水を飲んだところで誰も問題にはすまいから。ましてや、ゾルゲだってご存じのごとく酒豪だったけれど、当然、そんなことは問題にもならないわけである。また、あわただしくも、最新号の雑誌の表紙をヌードの女性で飾るようにせよ、という要請があり、そこに政治的な言外の意味合いがあったのだが、それがまかり通った、ということもあった。とするなら、ゾルゲは性的な躁病患者だったと言いふらし大騒ぎすることもなかろう。ドイツ大使館の御婦人たち全員の「名誉」を傷つけたのだろうけれども……。だとしたら、大使館の保安担当者マイジンガーとは、よほどうまくやっていたのかもしれない。

だが、まさに興味深いことに、こうしたゾルゲ専門家にとっては、研究のための現実的な基盤が存在しているのだ。ゾルゲがそれほどに多角的で、奇妙で、非凡な人間であった、ということであろう。ただし、僕には、こうした人物はあの時代だったからこそ生きられたような気がする。今ゾルゲが生きていたら、わが国（ロシア）の街路を晴れて闊歩はしなかったろう。モスクワのＧＲＵ（労農赤軍参謀本部情報総局）の建物のそばにはたたずんだことでもあろうが。だが、それも、道行く人から抜きん出たのっぽの姿を見せながら、誰に目をやることもなく、ということになりそうである。まるで、今この場所にある彼の記念碑のような格好をして……。

自己の生涯の最後の二〇年の間、ゾルゲは多くの人の労働を保障した。そう、彼はおそらく偉大なスパイであったろう。だが、二重スパイだったとも考えられよう。どうしてそう考えてはいけないのか。しかし、二重スパイとはそもそもゾルゲのように長くは生きられないそうである。

ゾルゲはまったく素晴らしいジャーナリストだった。その国の言語に細かくは通じておらず、その国についての基本的な教養に欠けていても、深くその国とその国民を理解したのである。であるからこそ、彼の予測は驚くべきかたちで命中し、「専門家」たちを驚かせたのだ。彼は地政学者だった。それも、今日至る所で「地政学」の意味もわからずにこの言葉を振り回す人がいるが、そうした人たちの父の世代が生きていた時代、すなわちこんな用語なんか夢にも思わなかった時代に、ゾルゲはすでに地政学者だったのだ。そんな存在だった。ゾルゲは、多面的な何者かだったのだ。そして僕個人としては、そうした、ありのままのゾルゲが重要だ、とみている。

## ■現在の東京で

僕は何度となく、東京で撮られた彼の写真を眺めたものだが、いつも何かが違う、と感じてきた。何か大切なものが滑り落ち、消え去っていくような……。それが何なのかを推測するために、日本にしばらく住むこととなった。もちろん、二一世紀の東京ではまったく異なる生活が待っていた。そう、僕は幸いなことにスパイではない。僕は比較にならぬほど単純な生活を送った。ほとんど毎日、ロシア人と連絡を取ること、街に出て外国人の波にもまれること、そう、今の日本人は七〇年前の日本人とは違う。だが、東京に来て初めて理解したことがある。一人でいるとはどういうことなのか、国を想う念（トスカ）とは何なのか（陳腐な表現で申し訳ないが）、ということである。かてて加えて、その郷愁の想いは、滞在している国の対内的、対外的な「極度の未開性」によって増幅されるのだった。ためしに毎日街路を歩いてみるがよい。自分の頭が周りの人の頭の一つ分、でなければ二つ分も飛び出ていて、肌と髪の毛の色と、眼孔の形とで群衆とは際立って異なって見える、という自分の姿のことを意識せざるを得ない。こころみに毎日六畳の部屋にやってきて寝床を作ってみるがよい。向かいの家の窓のカーテンの隙間から八〇歳のおばあさんが双眼鏡で注意深くこっちを覗いていることを知ったとしたら、どうであろうか。見知らぬ言語、食事、人間に慣れればこうした「疎外感」を理解するのも可能となろう、という思いも何だか尻すぼみになってくる。しかしながら、昔の東京でのゾルゲもこんな状態だったろう、と想像するとしたら、それこそナンセンスだろう。

## 2　東京のホテルのバーで

### ■山王ホテルと日枝神社

三三（昭和八）年九月六日、この国の最も西欧的な都市である横浜の港に、「ロシア女帝」という名の三本煙突の巨大な船が錨を下した。米国のバンクーバーからの定期航路でやってきたのだ。運命のいたずらか、こんな帝政ロシア風の名称をもつ船に乗って「昇る太陽の国」の岸辺に到着したのは、任務を帯びたソビエト諜報員だった。ゾルゲである。入国と税関の手続きを済ませると鉄道の駅にたどり着き、汽車で東京に出た。

たぶん、すでにヨーロッパに出国していた時に誰かから勧められたのだろう、東京ではしゃれた山王ホテルに泊まった。ここはちょうど一年前の三二年に開業したばかりだった。このホテルは、帝国ホテルと第一ホテルと並んで、日本で最良のホテルの一つだった。山王ホテルは赤坂区の外堀通り沿いに位置していた。すぐそばには日枝(ひえ)神社があった。現在、山王ホテルのあった場所には高層建築の山王パークタワーがそびえている。そこからちょっと離れた所には、すごく豪華な「ザ・キャピトルホテル東急」（旧「キャピトル東急ホテル」）も存在する。

三六年、山王ホテルには、権力を奪取しようと蜂起した軍隊の司令部が置かれた（二・二六事件）。が、概してこのホテルはいつも軍人からとくに好まれていた。四五年、山王ホテルはアメリカ軍の爆撃で燃え上がった。が、すぐ二年後には以前からの場所に復旧され、アメリカ大使館に貸し出された。最初は将校用の宿舎となり、のちに改修を経て占領軍の佐官と将官が住みついた。八〇年代になってから（八三年一〇月に）（旧）山王ホテルはみずからの存在に終止符を打った。その際にはしめくくりとして、その時期にひどく世間を騒がせたスパイ騒動（本書の第4章で言及するレフチェンコ事件）の舞台の一つにもなった。またもやこのホテルにはソビエト諜報機関が縁を持ったわけである。その後、（新）山王ホテルが麻布区に建てられたが、その全一四九室の大部分は、伝統的なことに、米国市民が占めている。

**汽船「ロシア女帝」**
新任の諜報員代表のゾルゲを東京に運んだ船

山王ホテルからドイツ大使館までは歩いて一〇分ほどだった。したがって、マーダー著『ゾルゲ博士に関する現場報告』の以下の一節はちょっと奇妙に思われる。

「東京をよく知るためにゾルゲは数日を費やした。そのあとで宮城近くのドイツ大使館に出向いた。こうした場合にしきたりとなっている表敬訪問のために、である」。

何のためにゾルゲにこの「数日」が必要だったのか、どのようにして「東京をよく知る」ことができたのか。もしも彼に道案内の付添人もなく、日本語の知識もなかったとしたら、これは見当のつかない話だ。だが、はっきりしていることがある。それは、日本の首都についての見聞を広める手始めとして、必ずや山王ホテル脇にそびえる丘を登って日枝神社の独特な景観にびっくりしただろう、ということだ。

この神社はゾルゲの時代にはとくに尊崇されていた。というのは、当時は国の公式の宗教である国家神道によって、日枝神社は第一級の国宝（官幣大社）と宣告されていたからだ。そこでは滋賀県の比叡山の神様が拝まれている。大山咋神（おおやまくいのかみ）、または「山の最高支配者」を意味する「山王」、である。だから、三二年にこの神社のすぐそばに建てられたホテルも「山王」の名をたまわった。東京市民の間での日枝神社の人気と、高い地位と、この二つの拠ってきたるところは一七世紀にさかのぼる。その頃、徳川家康がこの神社の守護者となって、ここを江戸の護り手とみなした。地上の使者の大山咋神と、日枝神社でのその化身とは猿だとされている。よって、神社の入口を守護するのは四本の手を持つ神々の見事な彫像なのである。

山王の丘の南西方面の上り坂である稲荷参道は、数多くの赤い小さな神道の門、すなわち鳥居によってたいへん美しく飾り立てられている。鳥居の数の多さはこの神社の地位の高さを証明する。というのは、それが寄進者、つまり神社への出資者の敬意の印として建て列ねられているからだ。

神社自体は、Hの字の形に造られている。幾つかの離れの建物を渡り廊下が複雑な方式で結合している。これらの建物には、一三本の古代の剣と一本の槍斧(やりおの)=なぎなたとが保存されていて、そのすべてが国宝に属する、あるいは昨今の日本で言う「国の重要文化財」である。ゾルゲの時代にはこの神社ははるかに昔のものと思われていた。四世紀半もの存続(一四七八年から)ゆえの時代の錆(さび)におおわれていたからだ。ところが東京全市と同じく、四五年、アメリカ軍の爆撃でこの神社も焼失した。我々が今日観察できるものは、三三年にソビエトの諜報員が眺めたモノの正確な複製品にすぎない。そこからは、残念ながら、あの時代の香りは漂ってはこない。が、こうした経緯を持つ神社にしても、ゾルゲがどこから日本になじみ始めることとなったのか、そのことを想像する可能性を与えてはくれるのである。

## ■目黒ホテル

山王ホテルは最良のホテルであったばかりでない。当然とはいえ、国内で宿泊費が最高のホテルでもあった。こうした事情によりゾルゲはより安い住居を探さざるを得なかった。だが、その二年後にモスクワに滞在した時、このホテルのことを想い起こし、仲間の新しい無線技師のために東京での最初の滞在先としてこのホテルを推挙したようである。三五年一一月二八日、その無線技師クラウゼンが妻のアンナを連れて来日したが、東京に着くとすぐに山王ホテルに宿泊したのであった。

時事通信社(一説には富士新報社とも)の取材記者である有富光門(ありとみみつかど)はドイツ語を話し、この「到着したばかりの」仕事仲間(ゾルゲ)と知り合った際に、目黒ホテルに移るように勧めた。残念ながら、今のところ、このホテルの住所は確定するに至っていない。が、明白なことは、そのホテルが東京の中心地からはるかに離れた目黒区にあって、ホテル名が区の名称から取られたものだ、ということである。目黒ホテルにはゾルゲは短期間いただけだったが、その場所で幾つかの重要な出来事に出くわすこととなった。たとえば、当時東京のドイツ大使館で外交官として勤務し、のちに『ゾルゲ博士よ、あなたは何者なのか』という著作を執筆したマイスナーによれば、ゾルゲ諜報団の主要な構成員の一人となるヴーケリチがゾルゲと知り合うのもこのホテルでのことだった。

ある晩、ヴーケリチは目黒ホテルのバーで自分のボス〔ゾルゲ〕と公式に出会った。そのいきさつは以下の通りだ。そのバーで背の高いやせぎすの男がワインを一杯注文すると、テーブルの前に腰かけて本を読み始めた。そこにヴーケリチが入ってきて同じテーブルに座ると、愛想よくこう質問してきたのだ。

――あなたは『フランクフルター・ツァイトゥング』のゾルゲさんですね。そうじゃありませんか? 私たちは先週、外務省の記者会見の場でお会いしているのですが、覚えておられませんか。

ゾルゲは本から目を離すと微笑みながらこう返した。

しいです。

ヴーケリチはゾルゲの手にしている本に目をやるとこう言い放った。

――もちろん覚えています。そうでした。お名前はヴーケリチさんですね、お会いできてうれしいです。

ヴーケリチはゾルゲの手にしている本に目をやるとこう言い放った。

――面白そうなご本ですね。私もその本を読んだことがあります。私の記憶では、たぐいまれな女性が登場しますよね。あの、私には、本のなかで面白くて夢中にさせられる出来事が出てくると、その頁の数字を覚えておく癖があります。そのために、ときたまその部分を読み返したりしているのですが……。あっ、思い出しました、この本では、一二八頁でした。ここに出てくる女性の姿にはショックを受けたものです。だって、びっくりするほど私の従妹にそっくりだったものですから。それで彼女に手紙を出してこう質問しようとしたくらいです。彼女は本当は、淑女の守るべき節度をはるかに超えるほど、この本の著者と親しいのではないのか、と。

ゾルゲは満面に笑みを浮かべて本の頁をめくり始めた。

――ああ、あなたの従妹のかたには喜んでお会いしたいですね。誰だってそんな娘さんにはお会いしたいと夢見るものですよ。ただし、おっしゃることが私の考えていることと同じ出来事のことでしたら、ヴーケリチさん、あなたは記憶違いしています、本当は一七一頁に書かれていることなのですから。

ヴーケリチの顔に薄笑いが浮かんだ。なんという言葉のやりとりであることか。彼はたった今二人が交わした合言葉のことを思い浮かべていたのである。一二八はヴーケリチの合言葉で、一七一はゾルゲの返しの合言葉であった。

ゾルゲは、有富光門は日本の特務機関と関係があるのではないか、とすぐさま疑い出して、この日本人記者との関係を断とうと努めた。一連の証言によれば、この機敏な日本人（有富）の知人たちはあやしい連中だ、とソビエト諜報員（ゾルゲ）にほのめかしたのは、目黒ホテルの支配人ともオーナーとも言われている。だから、ゾルゲは起こりうるどんな挑発活動にも備えを怠らなかった。知り合いの日本人のジャーナリストがロシア語で話しかけてきたときもまったく反応しなかった。その男は自己の新しい「ドゥルーク」（ロシア語で「親友」を意味する）に探りを入れようとしてきたのである。そののち、この出来事をさらに補足するかのように、ホテルの自分の部屋がひそかに捜索されていたことがわかった。すると、ゾルゲは有富との関係を断絶するという行動に出た。とはいえ、常住の棲家へと移るに際してはその有富の援助を得たのだったけれども……。それは麻布区内の借家で、すぐ真向かいが警察署だった。

## ■帝国ホテルとゾルゲ

しかしながら、話がそこに及ぶ前に、もう一つ訪問するに値するホテルが東京には存在する。帝国ホテル、である。というのは、もしもゾルゲの冗談を信ずるとするならばだが、まさにこのホテルあるがゆえに、モスクワの諜報部での話し合いの席で、その次の（そして最後の）出張先として日本を挙げたほどだからである。ゾルゲはこの帝国ホテルにはそののち自分の意志では決して宿泊しなかったが、生涯での多くのことがこのホテルと結び付いていたのだ。

今日、帝国ホテルはまったく改築されてしまい、四方八方が高い建物に取り巻かれ、ほぼ完全に建築上の外観が隠されてしまった。豪華なコンクリート製の隣人たちによって囚われの身となってしまい、目立たなくなった。が、そうは言っても、古きモダン東京の雰囲気を保ち続けている。当時のこの国は今とは違っていたし、住民もそうだった。日本語でさえもが異なっていた。そういう当時の雰囲気がまだここには残されている。ちなみに、帝国ホテルはその名称を「イムペリアル」と英語読みしても、東京のタクシー運転手には何も通じないかもしれない。「えっ、イムペリアルだって？　お客さん、それって何を意味してるんですか」、と問い返されかねない。「帝国ホテル」の名称の方が、多くの日本人の間では今日でも通っているのである。だが、当時はどうだったのか。

　ゾルゲが初めて訪れた頃の帝国ホテルの形状は、アメリカの建築家ライトが造ったものだった。二三年のことだ。ちょうど関東大震災のあった年である。日本の首都で三八〇万戸に上る家々が破壊された。新時代の煉瓦製、コンクリート製の建物もたくさん大破した。だが、ライトは帝国ホテルを耐震強度を考慮に入れて建設した。つまり、地震の震動を消去できる要素をその構造のなかに組み込んでいたのである。だから、このホテルは関東大震災を耐え抜いた。有力な政治家の大倉男爵は電報でこのアメリカの建築家の地震に対する勝利を祝った。この電報はジャーナリストの知るところとなった。ライトは彼らから大建築家と呼ばれた。帝国ホテルは、日本で最良のホテルの一つとしてのみならず、東京のどんな建物と比べても（地震に強い）一番安全な建物だと称賛されたのだ。

　帝国ホテルには、言うまでもなく、ごく裕福で大事な客が泊まっていた。その多くは外国人だった。館内にあるたくさんのレストランとバーとは、まったく西欧的な雰囲気のなかで、軽い調子の異国情緒に浸りながら、時代の進行を促進させた。その上、このホテルは皇居と隣接しており、一方、皇居の方は幅広の錆と城壁によって取り囲まれていた。ホテル自体はその外観がかなり奇妙に見えたはずである。というのは、ディーキンとストーリーがその著作『ゾルゲ事件』（邦訳名『ゾルゲ追跡』）のなかでこう記しているからである。

ホテルの入口の間は低い天井を持ち、異色の出来具合を見せていた。地下のバーは洞窟を想わせた。そして通廊式の商店。こうした場所はどこも、観光客、政府の客人、ジャーナリスト、外国大使館の館員、ビジネスマンからなる雑多な人々でにぎわっていた。日本人は目立って少数派だった。彼らの行儀のよい物腰はときとしてその存在にほとんど気付かせないほどだった。そうした日本人のうちしばしばホテルを訪れる者は、通常は、かつて外国に住み、外国の趣味を体得し、外国人の友人を持っていた。ホテルの本屋では東京の日刊新聞の英語版を二種、販売していた。ホテルのなかで、あり余るほどのほほえみと丁重なもてなしに接すると、欧米人にとっては、まるで好意の繭の中にくるまれているような思いがした。個人的な虚栄心がくすぐられたのだ。だが、帝国ホテルは東京の外国人クラブ、あるいは横浜、神戸の国際的クラブと同様に、いわばちいさな飛び領土、ちっぽけな孤島であった。その周りを日本の風習、日本語、日本民族が支配していたからである。

異国情緒的だがその神髄は国際主義的な帝国ホテルをゾルゲが好んだこと、そしてよくそこの「洞窟」の酒場を訪れたこと、この点は驚くにもあたらない。当時、彼はすでに経験豊富な課報員だったし、なんと言っても非常に賢明な人間だったので、以下のことをよく理解していたからだ。それは、こうした外国人のたまり場というのは、情報の更新が常に必要なビジネスマン、ジャーナリスト、課報員にとって、いわば培養基として役立つということ、そして、それればかりではなく、警察の特別な監視の対象ともなっている、ということである。だから、ホテルでは、変装した秘密警察の特高（特別高等警察）と憲兵隊と、その多くの手先たち（ホテルの従業員の誰それも含まれる）も、うごめいていたのだ。こんな場所では、ゾルゲも諜報団の他のメンバーも、重要なテーマでの会合はできるだけ避けるようにした。自分らと利害関係を有する人々との接触については、言うまでもない。

## ■帝国ホテルとアイノ・クーシネン

「私は滅多に西洋料理店には行かなかった。もし行くとすれば尾崎と行くときであった。帝国ホテルは避けることにしていた。あそこでは監視される懸念があったからである」。

そうゾルゲは『獄中手記』で回想している。だが、このホテルは完全に避けることはできなかった。諜報団の日本での仕事の第一段階、すなわち、ゾルゲとクラウゼンとがまだ東京に不案内で日本語をまったく話せなかった時期は、とくにそうだった。帝国ホテルはとにもかくにも、ソビエト諜報機関の働き手にとっては、会合の拠点として重要な役割を果たしていたのである。ラムゼイ（ゾルゲ）の回想では、三三年末だか、三四年初頭だかに、日本に「第四部」から最初の伝書使がやってきた。「第四部」とは、ロシア労農赤軍の参謀本部の諜報部のことである。

「面会は、私〔ゾルゲ〕の出発前にモスクワで打合せておいたものだが、やって来た伝書使は私の知らない男で、私の名前とドイツ大使館を連絡先として上海からやってきた。彼は大使館に電話するとともに、私に手紙をよこした。そして、定めた日に私が帝国ホテルに行くと、玄関番が待ちうけていて、私を彼のところへ案内するように手配をしておいたと書いてきた。連絡は計画通り行なわれた」。

イギリスのジャーナリストのワイマントは次のように、もっと正確なことを述べている。

「三五年一月の第一週に、ゾルゲに一報が入った。東京にソビエト秘密諜報員の『イングリッド』が到着したという知らせだった。で、彼はこの彼女と帝国ホテルで会った。新来の客はアイノ・クーシネンだった。コミンテルン〔共産主義インターナショナル〕執行委員会の書記であるオットー・クーシネンの妻である」。

「イングリッド」自身の回想によれば、彼女の日本での使命は、諜報任務の遂行というよりも、志願した女子学生の実地訓練にもっと似ていた、という。ゾルゲとの出会いについてはこう回想している。

三五年の一月はじめ、きっかり定められた時間に、私は帝国ホテルのロビーに座っていた。ドアのところに男が現われ、ようやくわかるような感じで私に会釈した。すぐにゾルゲ博士だとわかった。もう一〇年前のこと、彼がコミンテルンのドイツ部で働いていた頃に知り合ったのだ。私はさらにちょっとの間、ロビーで腰かけていた。そして、外に出てみると、タクシーのなかでゾルゲが私を待っていた。私たちの会話は短いものだった。私は、出国の準備をしていることを伝えた。彼は、私が「イングリッド」であることは知っていたが、私の任務については何も知らなかった。彼には、私に対して命令したり指示したりする全権は与えられていなかった。が、私と「第四部」との間の連絡はすべて彼を通してしなければならなかった。ゾルゲは一週間後に或るバーで会おうと言った。

帝国ホテルそのものについては、彼女はかなり正確にこう記述している。

「帝国ホテルは黄色と赤の煉瓦で造られた長く延びた丈の低い建物である。それは皇居の近くにある。様式という点では、このホテルは周囲の同時代の建物とはまったく異なる。むしろ中央アメリカのインディオの古代の住居を想わせる。地震の際の破壊を免れるために、建物の下に一枚石の土台を据え付けることはしなかった。そしてどんなに奇妙に見えようとも、海の近く、軟泥の岸辺に立っていた(これはひどい誇張だ――引用者註)。帝国ホテルのロビーとレストランは、さまざまな国からやってきたエリート人種が会合に好む場所だった。そこに集まったのは外交官、商人、ジャーナリストであり、時として諜報員さえもが含まれた。英語で出されていた『ジャパン・タイムズ』は外国人の新来者の名前を公表し、東京の外国人についての世俗的雑報記事を提供していた。帝国ホテルに常時滞在することは、あまり便利とはいえなかった。非常に快適で、趣味のよい家具の備わったホテルではあったけれども……」。

## ■帝国ホテルと宮城与徳、ベルンハルト

帝国ホテルは、マイスナーが証言しているように、もう一つの挿話と結び付いている。ここでゾルゲ諜報団のメンバーが互いに知り合いになったことである。

「いつだったか、一一月も末のこと（おそらくは三五年――引用者註）宮城与徳は東京の帝国ホテルのホールに座ってコーヒーを飲みながら『ジャパン・アドヴァタイザー』を読んでいた。すると突然、こんな新聞広告が目に入った。『版画、買います』。そこには有名な広告事務所の住所が記されており、誰でも関心のある人は問い合わせることができた。その結果、宮城が東京で会った人物がヴーケリチであった」。

同じ帝国ホテルでのことだが、三三年一〇月はじめ、日本の土を踏んだばかりのゾルゲは、「ベルンハルト」（本当の名前は不明）と落ち合った。後者は、諜報団最初の無線技師で、横浜に住んでいた。――こうして帝国ホテルはある時期、ゾルゲ諜報団の主要な連絡拠点となっていた。ただし、繰り返して言えば、メンバーの誰一人として帝国ホテルに宿泊するという危険は冒さなかったけれども……。

## ■帝国ホテルと酔っ払いゾルゲ（四一年六月二二日）

ゾルゲがしでかしたことでは、その悲劇的なところからしてまったく映画の一シーンみたいな出来事がある。帝国ホテルで持ち上がったことである。もうゾルゲ諜報団の活動の末期のことであった。ゲオルギエフが我々のために書き残してくれたものによれば、この話の出所はドイツ大使館員のヴィッケルトである。ヴィッケルトは四一年六月には東京に勤務していた。さて、その暑い時候の六

月二二日の日曜日に、ヴィッケルトと、ドイツ大使館付き駐在空軍武官グルナウとが、別荘地の軽井沢から首都に到着した際のことだ。

上野駅で、売りに出たばかりの新聞の号外を買った。大きな活字が目に入った。「ドイツがソ連を攻撃した」とわかった。私は当時は帝国ホテルに住んでいた。で、ホテルの自室に戻ったあと、すぐにバーの方に降りた。軽い腹ごしらえがしたくなったからだ。バーではゾルゲが目に入った。彼はもうしたたかに酔っぱらっていて客たちに自説を述べ立てていた。自分がヒトラーのことをどう考えているか、についてである。その場にはアメリカ人、イギリス人、フランス人がいた。連中の顔つきはすべて、ゾルゲの言うことなんか聞きたくない、と訴えていた。すると彼は突如、英語で甲高く叫び出した。ヒトラーは大犯罪人だ、最近スターリンと不可侵条約を結んだばかりなのにソ連を攻撃したからである、と。

私はゾルゲの隣に座った。誰もゾルゲがわめくのを聞いていなかった。私は低い声で言った。

――ゾルゲ君、もっと気を付けてくれよ。周りにいるのはアメリカ人、イギリス人、フランス人だぜ。憲兵隊だっているかもしれないよ。

――くそくらえ、だ。

そう彼は応じた。そして、ウィスキーのおかわりをバーテンが拒否すると、ゾルゲの口からは悪口雑言がふんだんに吐き出された。ひどく酔っていた。

実際、このナチスのソ連侵攻という悲劇の日にゾルゲは羽目を外してしまったわけである。わが身が置かれている状況はわかっていたし、いつもの用心深さも忘れてはいなかったろうが……。だが、この脱線ぶりも理解できないことではない。というのは、それまで八年もの間、概して外国人には生活するのがおそろしく困難な国(大日本帝国)の中で、あぶない橋を渡ってきたからだ。それも、地下活動の実行ということが問題なのだから尚更の話でもあろう。こうした努力の結果として、今回の、穏やかな言い方をすれば「不快な」酒席での突発事件が生じたのである。ヴィッケルトはゾルゲのこの常軌を逸した様子をウィスキーと東京の暑気のせいにしている。彼は同じ帝国ホテルに部屋を取ってやり、ゾルゲをその部屋へと連れ出した。或る歴史物語によれば、さて、ゾルゲは目が覚めてからオット大使に電話して「ドイツは戦争に負けるぞ」と叫んだそうである。

## ■帝国ホテルと宇宙飛行士ガガーリン

戦後の帝国ホテルではソ連からの著名な客の一人にガガーリンがあった。六三年の五月末に、地球で最初の宇宙飛行士は、このホテルに滞在したのである。日本国内の周遊旅行の最中だった。ちょうど帝国ホテルに入ろうとするガガーリンをとらえた映画フィルムの一コマが残されている。ちなみに、ガガーリンこそがフルシチョフの関心をゾルゲの物語に向けさせた、という説もある。ヴラジーミル市のジャーナリストのフロロフは、ちょっと変わった角度から、この有名なエピソードをこう紹介している。

ある時、日本人のジャーナリストたちがこの非凡な客人にこう質問した。

――どうしてあなたがたは自分たちの有名な諜報員であるゾルゲのことを忘れているのですか。第二次大戦中に巣鴨監獄で帝国主義者によって死刑になっているのですが……。

――ゾルゲって誰ですか。

と驚いてガガーリンは問い返した。その時に彼に付き添っていたソ連大使館の参事官イワノフはかつて直接にゾルゲと共に働いたことがあった。で、そのイワノフが、ガガーリンに向かって、「ナンバーワンの諜報員」の運命とその死について手短かに説明をしたのである。

――えっ、そんなことがあったのですか。

宇宙飛行士は驚きの念を込めて応じた。直情的な行動をとる傾向のあったガガーリンは、大使館員たちに向かって、花輪を注文してそこに次のような献辞を付すように依頼した。すなわち、「ナンバーワンの諜報員ゾルゲの記念にこの花を捧ぐ。――宇宙飛行士ガガーリンより」と。そして、支給されていた外貨の中から五〇ドルを出して、これは個人的な行為として花輪を供えるのだ、ときっぱりと述べた。外交官たち、そこには在日大使フェドレンコも含まれていたが、皆々、ガガーリンに対して、軽率な行動は慎むようにと説得しようとした。宇宙飛行士は癇癪を起して、大使を含むソ連外務省職員たちを臆病者呼ばわりした。そして、今わが身に起こったことはすべて国の指導者フルシチョフに伝えることを約束したのである。

こんなやりとりがあったのも、帝国ホテルでの記者会見の席でのことだったのか。と、そんな思いをも禁じ得ない。

六八年、ライトの設計になるこの建造物のあった場所に、新しく高層ビルのホテル複合体が建った。が、ホテルの旧館の入口とロビーの一部はきちんと解体されて、名古屋市近くにある野外の建築博物館「明治村」へと移された。そしてそこで再び組み立てられた。日本人は旧帝国ホテルを誇りに思っている。が、我々にとっては、今見てきたような思い出のいくつかが、このホテルにはまとわりついているのだ。

## 3　自宅のゾルゲ

### ■麻布区永坂町三〇番地

二〇〇二年、東京大学で外国人研究生として勉強していた時、あの時代の日本でゾルゲはいったいどう生活していたのか、という思いが去来したものである。そして、次のような心おだやかな結論に飛びついた。ゾルゲにあってはいわゆる「負担軽減の事由」があったに違いない、と。たとえば、ドイツ大使館の内庭のどこかに住んでいて、たまにしか外出せず、オット大使の妻とはますます親密な仲になり、時折は市中に出てはアジトを利用して諜報員たちと出会ったりする、というイメージにとらわれたのである。なぜなら、僕自身はそんなタイプの外交官たちと会ってきたからだ。だが、そんなことがゾルゲにありえたかどうかはわからない。

そうしたイメージほどゾルゲはわるくはなかった、と思いたかった。とはいえ、そう確信するには日本のジャーナリストのいう「現場」を踏む経験が僕には不足していた。「現場」とは事件の起きた場所のことである。そこに行けば出来事の情景をありありと想像することが可能となるわけだ。そこで、そうした「現場」歩きのために親友のところに赴いた。第1章にも登場したロシア人の学者モロジャコフである。もう長く東京に住んでおり、その学問的探究心のおかげでゾルゲのことも多く知っていた。我々は何冊かの本のページをめくった。そして、ゲオルギエフ著『リヒャルト・ゾルゲ』から、ゾルゲの住んでいた場所の記述を見つけ出した。

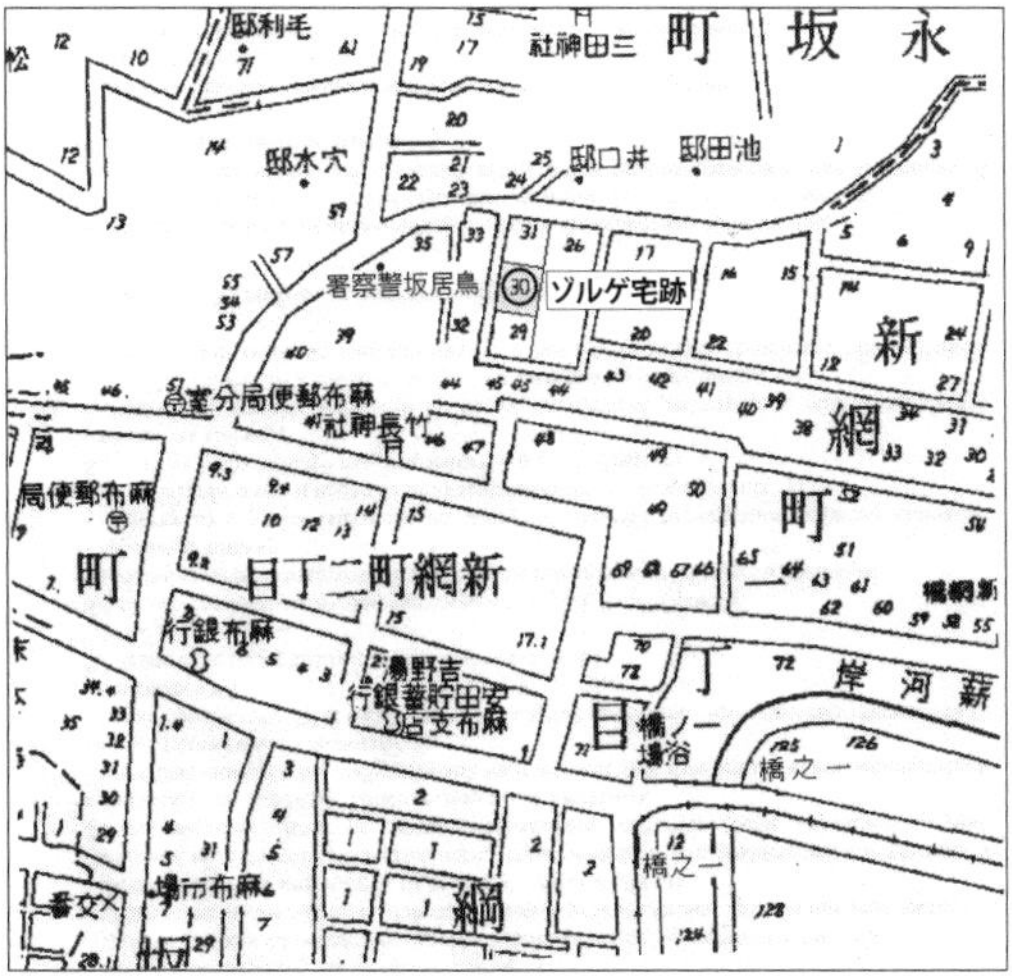

**東京の古地図より**
ゾルゲの家のあった場所を丸印でマークした

実を言うと、そうした記述は他の幾つかの著作でも目にしたが、たいていの場合、ひどく歪曲された内容となっていた。たとえば、「ナガサキ・マチ三〇番地」(「永坂町」の誤記)、というような。だが、言うまでもなく、こうした誤りを含むアドレスを頼りに、おまけに目安になる標識もまるでわからずに、何かを探そうなんてまったくの無理難題というものだろう。だから、我々はゲオルギエフが上記の著作のなかでゾルゲの日課と、それに関連する土地の地誌についての情報を盛り込んでいることを知って、大いに喜んだのである。ま

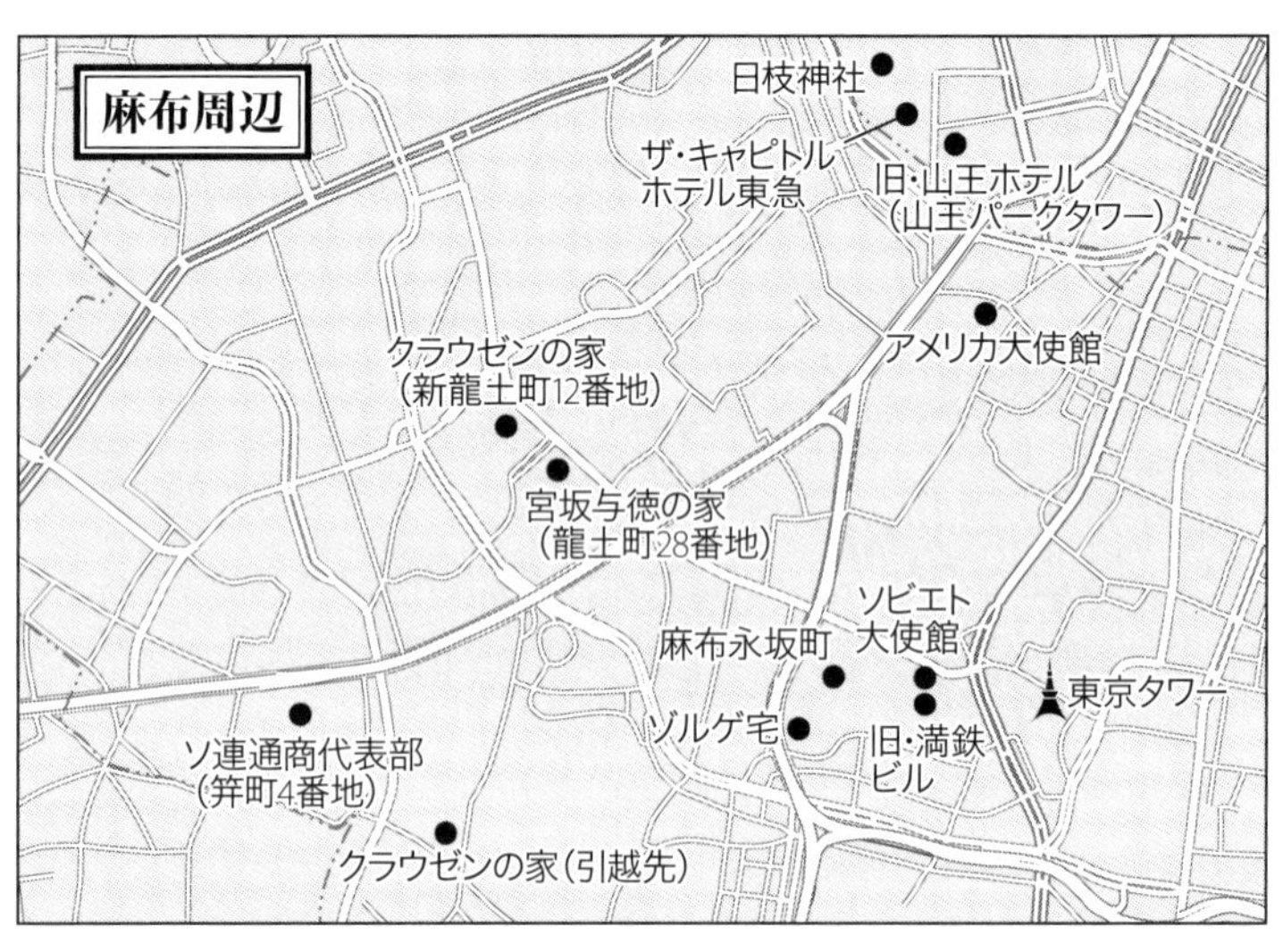


してや、この先達（ゲオルギエフ）は「ヤポノヴェード」（日本研究家）だったし、そういう著者の紹介したこうした資料を検討すれば、我々は間違いを犯さずに済むことができよう、とそう判断した次第だ。さてその文章とは以下の通りである。

ゾルゲが賃借りした家は港区の麻布区にあった。永坂町三〇番地である。それは日本式の木造二階建ての家だった。逮捕後に作成されたゾルゲ訊問調書にはその家に関する資料が含まれている。一階には客室（一二平米）、食堂（七平米）、台所、木造の日本式風呂（「お風呂」）、トイレがあった。トイレは便座のない日本式のもの。二階には電話付きの書斎（一二平米）と寝室（九平米）があった。ベッドはどこかに運び出されて、日本式のマットレス、つまり布団の一山に替わった。

通常、ゾルゲは朝五時に起床した（日本では日の出も日の入りも早い。ほぼ夕べの六時には日が沈む。よって、ゾルゲの日常生活では、ヨーロッパとの時差に配慮して、あちらの晩のニュース記事をこちらの早朝に読む、ということがあった。が、それは日本のこうした日照時間とも関連があったのである——引用者註)。ゾルゲは目覚めると朝風呂につかり、エキスパンダーを使って体操を行なった。朝食後は読書するか、タイプライターを叩くかで、それから昼食をとる。昼食のあとは一時間の休憩。その後は「電通会館」〔外国通信社の入っている建物〕かドイツ大使館に出向いた。夕方の五時以降は帝国ホテルのバーか、どこかのパーティで彼を見かけることができた。当然のことだが、三九年に始まった世界大戦はこの規範的な日常生活のサイクルに修正を施した。とくに、ゾルゲはごく早朝からドイツ大使館に赴くようになり、戦況報告の綴りに目を通したり、通報「ドイッチャー・ジンスト」を作成したりした。

この時代、永坂は非常に静寂で緑に恵まれた場所だった。木々の樹冠が通りを蔽い、暑い日には願ってもない影を与えていた。また雨の多い季節には部分的にその木々が水の流れを防ぐ役目も果たした。この街路は、にぎやかな六本木の丘から急に下る斜面にある。

今日、この通りは於多福坂(おたふくざか)と呼ばれている。そこは実入りのよさそうなのっぽビルでふさがっていて、そうしたビルは裕福な人々のための賃貸マンションである。その界隈には多くの緑が保存されている。この一画の、住むに快適な、安楽で威厳のある雰囲気はまだ風化していない。こうした実入りのよさそうなビルの一つが、昔ゾルゲが住んでいた場所に建っている。その場所への目印となりうるのは、警察寮の一八階建てのビルである。旧鳥居坂警察署があった場所だ。ゾルゲの住んでいた家はその近くにあった。

現在の永坂

　以上の引用文からは、次のことが明らかになる。まず、旧永坂通りに沿った家々は建て直されていること、通り自体も於多福坂という名称に変わったこと、そして一八階建ての警察寮の建物を目印としてこの通りを見つければよい、ということである。他に目印はなかったが、我々は準備もそこそこに探索に乗り出した。そしてモロジャコフと僕は四時間以上も麻布と六本木界隈の道を迷い迷いした。この地域を何度もぐるぐる回ることとなったのだ。六本木とは、夜中に酒宴で騒ぐ外国人の街である。外国人の夜の生活の中心地であると正当にもみなされている場所である。我々のそうした動きが相当に度重なってうるさく思えたのか、この陽気な街の住人たちは我々をうさんくさそうに眺め出した。が、何はともあれ、我々は於多福坂を見出したのである。もう街が暗くなりかけた頃で、心中、成功への望みはほとんど失いかけていた。ましてや、その坂の隣に一八階建ての寮なんて見当たらなかったのだから、その坂を発見できずに引き揚げたとしても、仕方のなかったことだったろう。

　そして、ゾルゲがどういった所に住んでいたのかをこの目でみたその時には、この人物についてのわが認識に何が欠けていたのかを悟ったものである。というのは、ちょうどその頃は、「東京の裏側」について、まさに「昇る太陽の蔭」に住みつき働いていた人たちのことを、ようやく耳にし、意識し出していた頃だったからだ。

驚かされたことがある。それは、ソビエトのスパイの棲家がなんとソビエト大使館から数百メートルしか離れていない場所に存在していた、ということだ。その自宅から外苑東通りに出てみてゾルゲはソ連大使館を目にしたはずである。過去の世紀の三〇年代、その一軒家は現在とまったく同じ場所にあった。今、我々はこの通りにたたずみ、こう想像しようとする。——たんに異国での外国人というばかりでなく、自身を取り巻くすべての人々に抗して（対日、対独、対米で）働くスパイにとって、この土地ではどんな困難な目に遭ったのだろうか、と。たった一人での生活はどうだったか。しかも、毎晩戻ってくる住処がこんな地理的条件の場所にあったとは……。

さらに想像してみよう。ゾルゲは毎日、いったいどんな思いで（彼自身の考えでは）自分のことを知り自分を待ってくれている唯一の国の大使館の壁のわきをオートバイで走っていたのか、と。（当時のソ連国内の粛清状況の判明した）戦後の今の話ではない。当時の彼はこの国が自分を身内として待ってくれていると確信していたのだ。モスクワから入るニュースのすべてに目を通していたとしても、である。もし人が意識的にこうした立場に立とうとしたら、その思いにはどんなに力が込もったことか。毎日、朝も晩も、この壁のわきを突っ走っている自分、しかも壁の向こうにはつねに同胞が……。毎日、スポーツでいう「反則」すれすれの所を走っていたのだ。それも八年間も。それは、ゾルゲにとってここでいう「反則」とは「追放」でもなく、ましてや「入獄」でもなかった。それは、絞首刑の際に首に巻かれる「縄」と、最後に直接に自分の足下で開かれる首つりのための「落とし穴」と、だった。
現在の僕が理解し始めていること、そして部分的にせよ（ごく小さな点から始まって）いつも感得していることとは、以下の通りだ。すなわち、上記にいう「反則」すれすれ状態に置かれ、絶えず恐怖に耐えねばならなかったゾルゲだったからこそ、女性たちとの恋の戯れに興じたのだろうし（それも愉快なというよりはあぶないものだったろうが）、トスカ（憂鬱）を紛らすための太古からのロシア的な治療法である「酒に溺れる」こともしたのだろうし、心奪われる活力剤としてオートバイを散々乗り回しもしたのだろう、ということである。そう思うと、ゾルゲの身から僕の体になんだかゾクッと一種の寒気が伝わってくるような感じがしないでもない。だが、その当時、僕はまだ知らなかったのだ、我々が間違っていたことを、見つけたと思い込んでいた場所がまだ本当の住所ではなかった、ということを。

もちろん、一般的にいって、何かを試みることには「困った誤り」が伴いがちである。が、肝心なことは、そうした試みが「時代の制約」を受けざるを得ない、ということである。やがて、オシェプコフ（ワーシャ）が東京のどこにいてどう動いたか、というういわばトポグラフィック（地誌学的）な謎を調査しつつ、僕はゾルゲ事件に回帰する。両手に古い地図類を持って。そして、驚きといまいましさとで絶句したものだ——なんと永坂と於多福坂とはまったく別物だったのだ。我々が見出した場所はゾルゲとは直接の関係はなかった。ゾルゲ自身は緑の蔭のその急坂を歩んだことがあったのかもしれないが……。のみならず、求むべき永坂とは概して「通り」（Street）ではなく、麻布区を構成する中規模の区画（Block）であった。それは於多福坂の東方に位置していた。そして、於多福坂の方は、我々が関心を寄せているその時代には、まったく別の地区の東鳥居坂町に吸収されていたのである。ということで、古い東京地図を手にして、再度ゾルゲの家のあった場所の探索に乗り出してみると、驚いたことには、それがすぐに見つかったのである。今はひどく様変わりしてしまっているとはいえ……。

永坂町は、東の狸穴（まみあな）と西の鳥居坂と、この二つの丘に挟まれた大きな地区である。当時、家々の番地は北東の一角、すなわちソビエト大使館から番号付けがなされていた。僕の手元の地図には「三〇番地」は記載されていない（のちになってもっと詳しい地図をウェブサイト「東京紅団」で見つけた）。だが手元の地図をみると、ゾルゲの家があったに違いない一画には、二六番地、二八番地、三一番地の家々が建っている。そしてその一画は麻布十番の一画との南の境界線に当たる。ソビエトのスパイが賃借りした三〇番地の家は二九番地と三一番地の間のどこかにあったはずだ。目指すべき場所はそっちの方にあったのだ。もっとも、当時のその家が、外からどんな具合に見えたのかについて想像を逞しくさせようとするならば、今日では非常に強力な想像力が必要となるだろう。なんとなれば、現在のその場所は、高速道路の下で、地下鉄の駅の出入り口となっているからだ。麻布十

在日ソビエト諜報員代表ゾルゲはこの界隈に住んでいた

番駅の一の橋口である。

　於多福坂はここから近いがもっと西寄りにある。その上方、六本木の丘から高速道路に沿って、永坂の通りがうねうねと伸びている。この通りの名は、昔この小丘に同じ名の街区が存在した唯一の名残りである。下方には竹長神社があったはずだ。が、今はない。横断歩道を建設する際に神社は撤去されたらしい。もっとも、十番稲荷がすぐ隣に現われたのだが……（あるいはもっと以前からあったのかもしれない。手元の地図にはその記載がない）。

　ゾルゲの家はどこに在り得たのか、より正確な場所を定めようとして、僕の目は地下鉄の駅の近くの高い建物に引っかかった。そしてその高さを一階、二階と数えていくとなんと一八階まであったのだ。近寄ってみてその入口の表札をみると、「警察寮。官有地」と書かれてあった。

　なぜ経験に富む日本研究者のゲオルギエフが於多福坂を永坂と混同してしまったのかはわからないが、主要な目印として警察寮を示したことは絶対的に正しかった。もしも以前この場所に鳥居坂警察署があったとしたら、日本映画の『スパイ・ゾルゲ』の逮捕のシーンは不正確なことになる。映画の中では警察官たちが双眼鏡を使って諜報員の家を監視していた。が、ゾルゲの家と警察署との距離は一五〇メートルもなかったのだ。双眼鏡は不要であろう。もしもゾルゲの家が家々か木々で隠されていなかったなら、の話ではあるが……。その家の窓が開けられていたら、ソビエト諜報団の参謀本部の動きが一目で丸見えだったはずだ。

　だが、ソビエト大使館にしても、於多福坂から来るよりも、ここからの方がはるかに近い。歩いてほんの五分あるかなきかの距離だ。そう、とにもかくにもゾルゲ博士は生活の場としてはいかにも奇妙な所を選んだものである。彼自身をこの日本という国に送り込んだ当の国の外交使節団の敷地を囲む塀のすぐ外に住んでいた、ということだ。しかも、日本の警察署から丸見えの場所だったのだ。影のさす、緑濃い一画だったとはいえ、これはごく奇妙な話ではないか。音楽学の教授ですばらしい美人だったエタ・ハインリッヒ＝シュナイダーの回想によると、四一年六月一一日の朝に、こんなことがあった。ゾルゲの家でのパーティが長引いてしまったので、皆して朝帰りとなった。彼女が同国人の何人かと一緒にゾルゲの家から出た際のことだった。

「道はソビエト大使館のそばを通っていた。その場所でリュッデ・ノラトがこんないたずらっぽい警告を発した――行くわよ、ゾルゲ！　あたし、ここに立ち寄りたいの、ここにあなたの親友たちがいるからよ」。

このことは、ドイツの外交官たちがゾルゲの過去について最低限のところは知っていたことを物語る。と同時に、この諜報員の家がその大使館からいかにもアブナイ近距離に存在したことを意味する。どうしてゾルゲはこんな所に住んでいたのか。おかげで、ノラトのそんな冗談も飛び出して来たではないか。ゾルゲがこんな所に住んでいてなぜ気がおかしくならなかったのか、それを解き明かす説明を僕はまだ聞いたことがない。

### ■ゾルゲの家

では、ゾルゲが生涯の最後の八年間を過ごした家はどんな様子をしていたのか。この独身生活の巣について記述した文章はかなり多く残されている。が、その幾つかには内容に矛盾が見られる。たとえば、コレスニコフ夫妻の著作『リヒャルト・ゾルゲ』では、この家は「かなりみすぼらしく」荒れ放題の家と書かれている。そうした記述では、あたかもこんな住居こそが在日外国人記者の地位に相応しいかのような感じにみえる。ゾルゲの家についてこう決めつけるとは、丁重に言わせてもらうと、これは至極、根拠が疑わしい。まともに受け入れるわけにはいかない。権威ある地区にあったこのゾルゲの家の前には、狭いが車も通る道があった。コレスニコフ夫妻によって「幅二メートルほどの路地」と記述されている道である。だが、これも、多かれ少なかれ真実とは離れているか、いずれにしても、他の資料とは矛盾する。その資料には、ゲオルギエフの本で知られているゾルゲの家の平面図も含まれる。ともかく、こうした記述のすべては、一括してまとめておく意味はあるだろう。

では、コレスニコフ夫妻の本から引用しよう。

〔ゾルゲの家の〕一階には食堂、風呂、台所があった。二階へは急な木造の階段が通じていた（これは決して低予算の住居の徴候ではない。当時の東京では大抵の二階家は木製の階段だった——引用者註）。上がってみると書斎があった。その部屋では左手に大きな書き物机があり、真ん中にはそれよりも少し小さな机があった。壁ぎわにはソファーがあった。畳は絨毯でおおわれていた。

朝になると家政婦がやってきた。五〇歳くらいの小柄な日本女性である。リヒャルトは彼女のことをアマサンと呼んでいた（つまりたんに「女サン」と呼んでいたわけか——引用者註）。彼女は風呂をたて、部屋の掃除をした。夕方になると彼女は自宅へ戻った。ときには昼食の支度もした。だが、ふだんはゾルゲはレストランか友人の所で昼食をとった。クラウゼンはゾルゲの家が気に入って

東京のゾルゲの家の２階のテラス

いた。彼はこう述べている。

「リヒャルトの所は本当のチョンガー〔独身者〕部屋だった。そんなふうな乱雑さが支配していたのだ。だが、リヒャルトはどこに何があるのかよくわかっていた。そこはたいへん快適な所だった、と私としては言わざるを得ない。はっきりしていたのは、彼がフルに働いていた、ということだ。そこいつも多忙だったし、仕事を愛してもいた。そこには単純な造作の書架があって本が並んでいた。その書斎のドアを開けると寝室に通じていた。寝室にはベッドがなかった。ゾルゲは日本流に寝ていたのだ。床にじかに布団を敷いていたのである」。

ロシア人の妻であるエカテリーナ・マクシーモワに宛てた手紙の中でゾルゲは自分の住居のことをこう記述している。

「僕の住んでいるちっぽけな家は当地の型式で造られている。つまり、まったく軽い感じに仕上がっていて、両開きの窓ばかりが目立っているのだ。床には編み物の絨毯が敷かれている。この家はまったく新しく、古い家々よりももっと現代的ですらある（まさにこの家こそはドイツの新聞数紙の通信員という地位にあったこのジャーナリストには相応しかったのではないか——引用者註）、そしてかなり快適に過ごせる。

或る年輩の御婦人が毎朝、僕のために必要なことをしてくれている。僕が家にいる際には、昼食の支度もしてくれる。

僕のところではもちろん本が山のように溜まってしまった。君だったらたぶん、その山の中をかき回して満足することだろう。そういうことが可能となる時が来ることを期待している。（…）僕がタイプライターを叩き出すと、近所の人たちのほぼ全員の耳にその音が達する。もしも夜中にそうしたら、犬たちが吠え出し、子供たちは泣き出す始末だ。だから、音のしないタイプライターを手に入れた。毎月のように人口増加していく近所の子供たちを刺激しないようにするためだ」。

## ■ゾルゲの家の訪問客と使用人と大家

以上の叙情的な記述に対しては、ゲオルギエフの小さな、しかし意味深長な一節を次に付け加えておこう。

「〔ゾルゲの家の〕二階には花模様のカーテンが掛かっていた。ヘルマ（オット大使の妻——引用者註）が刺繍したものであった。大使はすぐにゾルゲとヘルマの仲に気づいたが、醜聞沙汰にはならなかった。たんに妻とは別々に眠るようにしただけであった」。

ディーキンとストーリーもまた、この住居が多くの点で独身者特有のものであったと指摘している。

たとえば、

「かつてゾルゲ自身がクラウゼンにこう話したものである——僕の家のドアの上のランプが灯っていたら、どうか家に入らないでほしい。来客中の意味だから、と」。

「来客中」とは、夜の訪問客、正確を期して言えば、女性の訪問客のことで、彼女らはしばしばこのチョンガー・ハウス（単身者の家）にやってきた。

ところで「アマサン」のことだが、彼女は朝六時にやってきて午後四時過ぎにはゾルゲの家を去るのだった。年輩の女性で、その後、どこかの時点で逝去している。ゾルゲは彼女の代わりに別の老婆を雇ったが、この女性は以前ソビエト大使館の厨房で働いていた人物だった。彼女はゾルゲの所で、四一年一〇月のまさに彼が逮捕される時まで家政婦をしていた。このことはもう一つの謎というものだろう。なんのために、用心深く、物事の細かいところにまで神経が行き届く諜報員たるものが、かつてソ連大使館で働いていた人物がわが家へ出入りすることを許したのか。彼女が日本の特務機関と関係があって、ロシア語を耳にするやすぐにそれがロシア語だとわかる（ゾルゲ自身は人前ではほとんどロシア語を喋らなかったが）、ということはかなりあり得たことだ。こうしたことすべてを勘案すると、ゾルゲの仕事上の危険度は高まるばかりだったろう。

「ラムゼイ」（ゾルゲ）諜報団はどうして摘発されたのか、その原因は現在まで正確にはわかっていない——ということを考慮するならば、尚更のことだが、以上述べたような細部の気になることが、ゾルゲ研究家のまるで注目するところとなっていないことはおかしなことだ。ましてや、ドイツのジャーナリスト兼ゾルゲ研究家のマーダーの証言によれば、ゾルゲの家の大家の女主人は日本軍の防課機関、すなわち憲兵隊のために働いていた、ということだから、尚更というものだろう。彼の家はときたま家宅捜索され、壁の一つには、少なくともゾルゲがその家に住み始めた初期の頃には、盗聴器が嵌め込まれていた、という。

ゾルゲの東京での知人でありドイツの外交官であったマイスナーの回想によれば、ゾルゲの家には男性の使用人が二人、来ていた。料理人と、その少年の助手とである。マイスナーが細かく語っていることだが、ここに奇妙な事態が生じたのである。すなわち、二人の使用人の異常な行動に気が付いたゾルゲが（覚えておこう、この物語によれば使用人のどちらも女性ではなかったことを）二人を呼び出して問い詰めて、首にするぞと脅したところ、二人は主人にこう打ち明けた。ゾルゲの留守中に憲兵隊の一人がやってきて、日本の通常の手続きに則って、二人からゾルゲに関する報告書を要求した、というのだ。それも、ゾルゲの一挙手一投足について、その習慣、財産、来客、私生活について完全な報告書の作成を命じられた、という話であった。

二人は憲兵隊のための情報提供者となることに同意した。当時の日本の条件下では、それが唯一可能な選択だったからだ。とはいえ、よりよくその義務を遂行するにはどうすればよいのか、二人だけで決めることはできなかった。まさに二人がこうしたことで議論していた最中に、二人はゾルゲから嫌疑を掛けられたのだ。こうした事情を知ると、ゾルゲはこの新米の諜報員二人を安心させて、逆にこちらの方から、この二人を通して憲兵隊に自分の行動や私生活に関する情報を大量に流し始めた。おかげで日本の防諜機関員たちは情報過多に陥り、早々にうんざりとしてしまった。さて、もう一度覚えておこう、ゾルゲの家の歴史をめぐるこのマイスナーの説では、一人として年輩の女性が現われてこない、ということを。

## ■「文化住宅」の夏と冬

英国の研究者たち（女性が訪問している時にはドアの上のランプが点っていると記したディーキンとストーリー）の記述はさらにこう続いている。

「ゾルゲの家は日本人が『ブンカ・ユタキ』または『快適な住まい』（おそらく『ブンカ・オタク』つまり『文化住宅』が念頭にあったのだろう――引用者註）と呼んでいる種類の家だった。だが、今日の欧米の規格からみると、この家はかなり小さかった。三九年にこの家をしばしば訪れたドイツの作家シーブルグは、こう述べている――その家は小庭園のあずま屋より大きくはなかった。だが、麻布という人里離れた地区の日本家屋はどれもみな同じようなものだった。生活に困らぬブルジョアジーの地区だったけれども」。

ディーキンとストーリーはまた、ゾルゲの書斎を支配していた見かけ上の混乱と無秩序について述べたあと、こう付け加えている。

「同じ場所〔書斎〕には見事な日本の版画が一、二枚掛かっていて、青銅や陶土で造られた品物が幾つかあった。蓄音機、そして鳥籠もあった。後者はゾルゲが手なずけたフクロウの住処だった。（…）ゾルゲは日本特有の習慣に敬意をもっていた。玄関で靴を脱ぐとか、階段あるいはごく小さな廊下では上履きを用いるとか、畳の上では足袋を履くとか、ということである。ウーラッハ公爵はゾルゲの浴室のことでこういう思い出を残している。――熱狂的なまでにきれい好きのゾルゲは、毎日、日本式の身体摩擦をやってから、木製の風呂桶の中で膝を折りたたんだまま、熱めのお湯に浸かっていた、と」。

熱いといえば、東京の蒸し暑さ、その猛暑にはゾルゲもひどく苦しんでいる。この土地では六月から九月までの三、四カ月は、そういった気候が支配的なのである。コレスニコフ夫妻によれば、ゾルゲはモスクワ在住の妻エカテリーナ宛ての手紙の中で、ひんぱんに「今日の天気」について愚痴をこぼしている。コレスニコフ夫妻が依拠したアーカイブ資料を見る機会は我々には廻って来ないだろうが、夫妻が引用しているゾルゲの手紙をここで紹介しておこう。ゾルゲと妻との私的なやりとりである。

「今、恐ろしく暑い。ほとんど耐えられない。ときたま僕は海で泳いでいる。が、ここでは特別休暇はないのだ」。

「僕がどうしているかって？　それを書くのは困難だ。仕事はたくさんしなければならず、もうくたくただ。とくに、このくそ暑い陽気の中ではなおさらだ。まったく我慢ならない暑さなのだ。いや、暑さというよりも、湿度の高い空気からくる蒸し暑さがたまらないのだ。まるで温室の中に座っているみたいだ。朝から晩まで汗ぐっしょりだよ」。

だから、ゾルゲが白い麻の服を好んだというのも偶然ではない。いつもそうした服を身にまとっていた。そんな写真が残されている。東京の夏は西欧人にはまさに地獄だ。だが、東京の冬の方もあんまり楽なものではなかった。

「今、君らのいる国〔ロシア〕では冬が始まっている。僕は君が冬をあまり好まないことを知っている。君はきっと気分がすぐれないのではないか。だが、君らの国の冬は少なくとも外観上は美しい。しかし、こちらの冬ときたら、雨模様の湿気がこもった寒さなのだ。おまけに住居は寒さを通す。まるで野外生活しているみたいだ」。

こうした一節を読むと、ゾルゲが北風に向かって外套の襟を立て肩に首を沈めつつ東都を歩む姿が目に浮かぶようだ。じつは、この姿はモスクワにあるゾルゲの銅像とその恰好が瓜二つなのである。

マーダーは自著の中で、我々には既知のエタ・ハインリッヒ＝シュナイダーによるこんな回想を引用している。彼女はゾルゲが逮捕される少し前に彼の家の客になったことがあるのだ。

「部屋はまるでオーブンの中みたいに暑かった。埃っぽい街路の輪郭が、太陽光線の耐えがたい輝きになんだかぼやけて見えた。彼の家の屋根の上のテラスに出てみても、夜中になってもむんむんとした熱気が籠っていた。隣の家々からはラジオの音と子供らの笑い声が響いてきた。ゾルゲの家は貧しい日本人の家々の中にぽつんと忘れられたように建っていた。周囲は、粗雑な造りの西欧風を加味した日本家屋ばかりで、ゾルゲの家は汚らしく見えた。一階は二部屋で、そこにはみすぼらしい調度品があるばかりだった。据わりの悪い小テーブルの幾つかである。一つのテーブルの上には擦り切れた赤いビロードの布きれが置かれていた。(…)壁の向こうは台所だった。二階には書斎があって、大きなソファーと書き物机と蓄音機があった。壁はすべて床から天井までを本棚が占めていた。ドアの向こうは寝室で、部屋のほぼ全部を幅の広いダブルベッドが占領していた。この寝室には短く狭い廊下が通じていた。二階のこの二部屋のドアはテラスに面していた」。

蔵書の件では、以上の引用文では「単純な造作の書架があって本が並んでいた」とか、「壁はすべて床から天井までを本棚が占めていた」とか、とあるが、ゾルゲ自身は『獄中手記』でこう説明を加えている。

## ■ゾルゲの蔵書

「私が逮捕されたとき、家には八百冊から千冊の本があったが、これは警察にとっては相当頭痛の種だったらしい（明らかに警察の捜索が念入りで長くかかったことを示唆している——引用者註）。本の大部分は日本に関するものであった。これだけの蔵書にするには、私は日本語で書かれた本の外国語版で手に入るかぎりのもの全部、日本に関する外国人の著書のうちで最良のもの、基礎的な日本の作品の翻訳で最良のものなどを集めた。たとえば、『日本書紀』の英訳本（これは蒐集家の間でも珍重されている本である）、『古事記』の英訳本、『万葉集』のドイツ語訳、『平家物語』の英訳、世界的に輝かしい文学上の傑作である『源氏物語』の翻訳などもあった。私は、日本の古代史（それには今でも私は感興を覚える）、古代政治史、また古代の社会および経済の歴史を大いに勉強した。私は神功皇后時代、倭寇時代、秀吉時代を詳細に研究して、当時私が書いていたかなり大部な、上代からの日本の膨張史の資料にしていた。日本の昔の経済や政治に関しては、りっぱな翻訳がたくさんできていて、私の研究には非常に役立った」。